NOTIONS

ÉLÉMENTAIRES

D'ARBORICULTURE

ÉVREUX, A. HÉRISSEY, IMP.

NOTIONS

ÉLÉMENTAIRES

D'ARBORICULTURE

A LA PORTÉE DE TOUT LE MONDE

CONSEILS PRATIQUES

PAR E. TROUILLET

Professeur d'Arboriculture et de Viticulture pratique, Lauréat, Membre correspondant et titulaire de plusieurs Sociétés horticoles de France,
Président d'honneur de plusieurs sections de la Société d'Arboriculture et de Viticulture vosgienne.

> « *La nature a ses lois immuables que l'on n'enfreint pas impunément ; aussi lorsque l'homme s'en écarte, elle le rappelle immédiatement à l'ordre en lui faisant subir un échec.* »

2e ÉDITION REVUE ET AUGMENTÉE

A MONTREUIL-AUX-PÊCHES

(SEINE)

CHEZ L'AUTEUR, RUE CUVE-DU-FOUR, 73

PARIS

LIBRAIRIE CENTRALE D'AGRICULTURE ET DE JARDINAGE

RUE DES ÉCOLES, 82, PRÈS LE MUSÉE DE CLUNY

— Auguste GOIN, éditeur —

AVANT-PROPOS

Lorsqu'en 1859 je fus chargé des cours d'arboriculture et de viticulture du département des Vosges, il me fut demandé de faire un petit livre pour les commençants de cette science attrayante ; je cédai en faisant l'*A B C* de l'arboriculture. Ce petit traité, tiré à un grand nombre d'exemplaires, est épuisé. Aujourd'hui on me témoigne le désir de l'avoir plus complet : je vais essayer de satisfaire les personnes qui ont confiance en mon enseignement. Avant de leur donner cette satisfaction, je juge à propos de leur remettre sous les yeux l'avant-propos de la première édition, où j'expose les raisons qui, selon moi, devraient faire aimer l'arboriculture par tous les hommes de bien qui ont des loisirs, comme le plus agréable des passe-temps, sinon comme un élément assuré de bien-être et de prospérité pour toutes les contrées de la France.

AVANT-PROPOS DE LA 1re ÉDITION

L'arboriculture est assurément la plus agréable de toutes les sciences. C'est un passe-temps de tous les moments, une occupation toujours profitable pour les personnes qui possèdent des notions exactes sur la circulation de la sève. L'arboriculture est une de nos sciences françaises qui ont fait le moins de progrès; car, à part un petit nombre d'hommes d'élite dans chaque département, qui ne sont pas d'accord même entre eux, chacun a sa manière de traiter les arbres fruitiers. A quoi cela tient-il? Si j'osais, je répondrais que cela vient de ce que l'on ne veut pas commencer par l'*A B C*, et que l'on veut courir avant de savoir marcher; en bon français, on veut traiter les arbres fruitiers avant d'étudier les lois de la végétation. C'est cette lacune que j'ai voulu combler, en rédigeant avec le plus de clarté possible un petit rudiment, par demandes et par réponses, à la portée des commençants. Malgré sa simplicité, j'ose espérer que les praticiens eux-mêmes y trouveront aussi quelques nouvelles idées pratiques qui ne seront pas à dédaigner.

Heureux ceux qui me liront, s'ils comprennent les délicieux moments que l'homme consacre à l'arboriculture en tête-à-tête avec la nature; heureux moi-même si, comme on me l'a écrit tant de fois, j'aide un peu au progrès de cette belle science et augmente le nombre de ses adeptes et de ses amis!

NOTIONS

ÉLÉMENTAIRES

D'ARBORICULTURE

Arboriculture

Demande. Qu'est ce que l'arboriculture?

Réponse. C'est la science qui s'occupe de la plantation, de la direction et de la taille des arbres fruitiers, tant à pépins qu'à noyaux.

D. Quels sont les fruits à pépins ?

R. Les fruits à pépins sont ceux que donnent principalement les poiriers et les pommiers.

D. Quels sont les fruits à noyaux ?

R. Les fruits à noyaux sont généralement ceux que donnent les pêchers, les pruniers, les cerisiers et les abricotiers.

D. Tous ces arbres reçoivent-ils les mêmes soins et le même traitement ?

R. Non ; chacun d'eux réclame des soins particuliers, ce qui fait qu'il convient de les étudier les uns après les autres.

D. Que faut-il savoir pour cultiver les arbres fruitiers ?

R. 1° Il faut premièrement savoir planter de manière à obtenir une bonne végétation, c'est-à-dire des arbres poussant vigoureusement et bien portants, à écorce lisse ;

2° Savoir diriger les branches de manière à bien répartir la séve, en évitant les faibles branches à côté de plus fortes et souvent très-grosses ; éviter surtout les dessus ou *empâtements* dont nous parlerons plus loin ;

3° Ensuite savoir tailler, chose plus difficile qu'on ne le pense généralement ; car entre rogner et tailler il y a une grande différence.

D. Par où et comment faut-il commencer la culture des arbres fruitiers ?

R. Il faudrait, pour bien se rendre compte de tout, commencer par le semis d'un pépin ou d'un noyau ; suivre le développement radiculaire ou des racines, et le développement de la plumule ou de la tige ; puis greffer et former le sujet. Mais comme je ne veux faire qu'un manuel pratique, je supposerai un sujet greffé d'un an ou de deux, et acheté chez un pépiniériste ; il ne nous reste donc qu'à voir pour commencer comment il faut planter.

D. Que faut-il savoir pour bien planter ?

R. Il faut d'abord connaître son sol ou terrain, le défoncer jusqu'au premier sous-sol ; et si ce défoncement a de 50 à 60 centimètres de profondeur, il est convenable pour y faire prospérer toutes les espèces d'arbres fruitiers.

D. Comment faut-il planter ?

R. Si l'arbre est de semis, il est facile de savoir à quelle profondeur on doit le mettre en terre, attendu qu'en lavant ou en grattant légèrement à partir des racines en montant vers la tige, on reconnaît sans peine le passage de la racine à la tige. Les racines sont ordinairement, suivant l'espèce, plus pâles, jaunes ou rougeâtres; la tige est toujours d'un vert plus ou moins foncé aussi suivant l'espèce. Or, il ne faut jamais enterrer la partie où commence la tige, appelée vulgairement le *collet,* et en physiologie végétale le *mésophyte* (*fig.* 1).

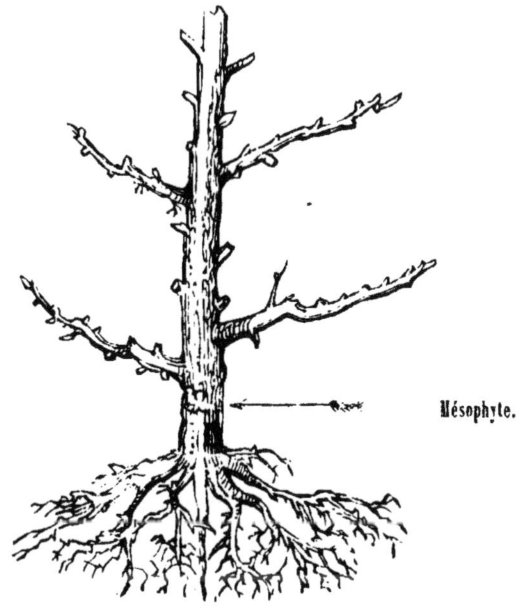

Fig. 1. — Arbre sur franc avec mésophyte naturel.

D. La greffe doit-elle être un guide pour la plantation?

R. Non, car le pépiniériste peut greffer près ou loin du mésophyte ou collet, qui, je le répète, ne doit jamais être enterré, ni même approché du sol.

Si l'on plante, par exemple, un pommier, et que l'on n'ait pas la précaution de placer la greffe à 10 et même 15 centimètres au-dessus du sol, il prendra vite racine sur la greffe ou en dessous du point de son insertion. L'arbre, dans ces conditions, poussera vigoureusement, mais il cessera de produire; et s'il produit, ses fruits seront mauvais pour la variété à laquelle ils appartiennent.

D. Comment faut-il planter les arbres greffés sur drageons ou boutures, qui n'ont pas de collet ou mésophyte naturel, n'étant pas issu de graine et n'ayant pas eu, par conséquent, de cotylédon ?

R. Ici surgit une grave question qui m'a déjà suscité bien des adversaires, surtout parmi les pépiniéristes, attendu que, pour nous, il n'y a de bons arbres de bouture qu'à la condition que la partie inférieure de la bouture soit saine, ce qui ne peut avoir lieu que par la crossette, jeune rameau d'un an pris sur son empâtement ou insertion du bois de deux ans. La crossette du coignassier doit se faire comme celle de la vigne (voir mon *Traité de la culture de la vigne*) ; elle doit se faire après la chute des feuilles, avoir 25 à 30 centimètres de long ; on doit la coucher horizontalement dans une tranchée de 35 à 40 centimètres de profondeur, sur 35 à 40 centimètres de large, en ayant soin d'enfoncer la partie qui doit émettre les racines dans une des parois de la tranchée, puis combler celle-ci. Laisser ainsi les boutures jusqu'au 1er mars. A cette époque on les plante debout, dans un terrain préparé à l'avance, à 10 centimètres de profondeur ; on arrose fortement et l'on butte de manière qu'il se trouve un œil ou deux hors de la butte. Au mois d'août suivant, on peut greffer la majeure partie en écusson à œil dormant, bien entendu sur la tige ou bois de deux ans. Si ce moyen si simple était employé par les pépiniéristes, on aurait des arbres vigoureux sur coignassier et on accepterait mieux cet arbre comme sujet. Chacun sait que les fruits en général sont meilleurs sur coignassier que sur franc.

Il y a aussi, avant de planter, trois remarques à faire : 1° comme nous venons de le dire, examiner si la partie inférieure de la bouture est en bon état; 2° voir s'il n'y a pas de déchirure ou décollement des racines sur le corps principal du système radiculaire: cette remarque s'applique aussi bien aux arbres de semis, ou francs, qu'aux arbres de bouture; 3° avoir soin de rafraichir et de recouvrir de mastic horticole, l'onglet que l'on forme par la suppression du sujet à l'endroit où l'on a placé la greffe, pour permettre à celle-ci de devenir la continuation du sujet; enfin, règle générale, il faut peu enterrer les arbres; 10 à 12 centimètres de terre suffisent sur les racines pour que la chaleur et la sécheresse ne les atteignent pas. La première année, on butte le pied. Après la reprise de l'arbre, on fait disparaître, l'année suivante, ce monticule.

D. Doit-on fouler la terre avec les pieds après avoir planté ?

R. Non, c'est une mauvaise habitude, elle est généralement condamnée maintenant; il vaut mieux faire au pied de l'arbre un petit monticule et laisser la terre se tasser elle-même.

D. Comment doit-on préparer les arbres avant d les planter ?

R. On doit nettoyer les racines froissées, couper celles qui sont rompues et rafraîchir avec une serpette le bout de celles qui restent : cela s'appelle, en termes de jardinage, habiller un arbre.

D. Comment doit-on traiter la tige des arbres après qu'ils sont plantés ?

R. On les traite suivant la forme qu'on leur destine :

1° Si l'on désire les mettre en espalier le long d'un mur, il faut les rabattre de manière à avoir des yeux qui donneront des branches pour faire soit une palmette simple, soit une palmette double ou un éventail, etc.;

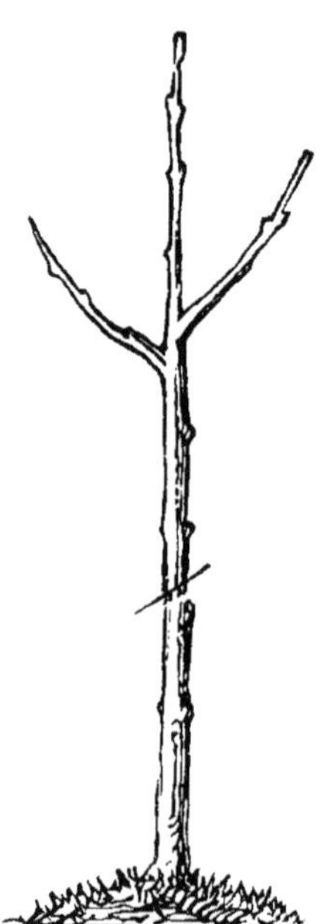

Fig. 2. — Jeune scion d'un an.

2° Si c'est pour former une quenouille ou pyramide, ou fuseau, etc., il faut rabattre sur un œil qui doit continuer la tige, puis tailler les branches latérales qui peuvent rester, s'il en existe, à 25 ou 30 centimètres de long, sur un œil qui par la suite continuera en longueur ces branches, appelées branches charpentières;

3° Si l'arbre est, comme nous le préférons pour la plantation, un jeune scion d'un an, on doit le rabattre au trait indiqué sur la *fig.* 2;

4° Si c'est un arbre à haute tige, il suffit de tailler les branches à

25 ou 30 centimètres de long et surtout d'enlever les empâtements ou dessus.

D. Qu'est-ce que l'empâtement ou dessus?

R. C'est une branche, B B B, *fig.* 3 ci-contre, qu'on laisse pousser sur une première A A A, et qui se développe au point de faire périr celle ci, surtout dans la culture des arbres à noyau.

D. A quelle distance les branches charpentières, dans toutes les espèces de formes, doivent-elles se trouver les unes des autres ?

R. Quelque direction que l'on donne à l'arbre, que ce soit en espalier, en quenouille ou pyramide, en gobelet, en haute ou en demi-tige, il faut toujours faire en sorte que les branches charpentières ou membres principaux se trouvent à une distance de 30 à 35 centimètres les unes des autres, afin de donner accès à l'air et à la lumière, agents indispensables pour la formation de la lignine et des boutons tant à bois qu'à fleurs.

D. Maintenant que l'arbre est planté, comment faut-il tailler ?

R. Comme je l'ai dit en commençant, il faut une taille particulière et raisonnée pour chaque espèce d'arbre; cependant le poirier et le pommier se traitent tout à fait de la même manière, quelle que soit la forme qu'on leur donne. Je vais exposer la taille du poirier; les mêmes principes s'appliqueront au pommier.

D. Supposons l'arbre à la première année, que faut-il faire à l'automne après la végétation ?

R. Il faut rafraîchir à la serpette tous les onglets et

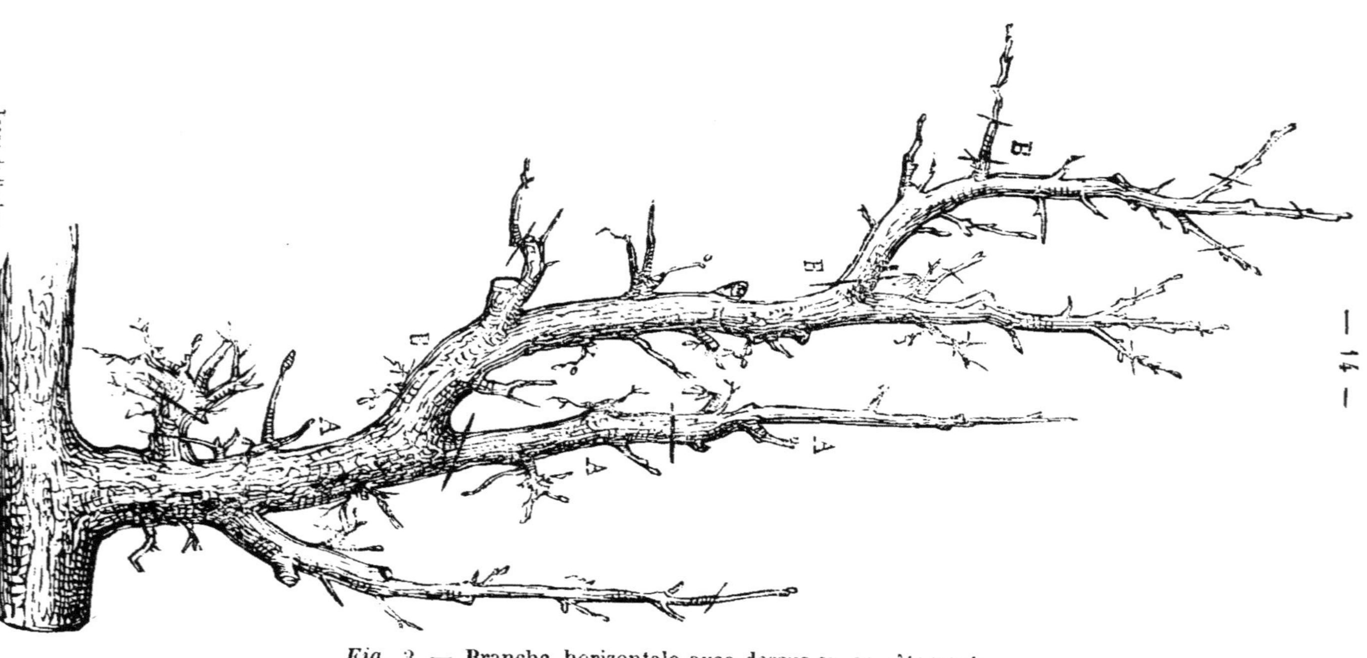

Fig. 3. — Branche horizontale avec dessus ou empâtements.
A A A, branche première ou canal direct épuisé par les empâtements B B B.

recouvrir les plaies avec du mastic horticole. ou de l'onguent de saint Fiacre, qui se fait avec de la terre forte et de la bouse de vache; enfin, empêcher l'air de dessécher la plaie.

D. Vous venez de nous parler d'onglet; qu'est-ce qu'un onglet ?

R. Les onglets sont les petits bouts qui se trouvent près de la taille de l'année précédente, et que l'on doit laisser à la taille pour ne pas tailler trop près de l'œil qui doit continuer les branches charpentières. En taillant trop près on risque de faire périr cet œil. On comprend qu'il peut se trouver des onglets dans tout l'arbre, puisque l'on taille presque toutes les branches.

Fig. 4. — Arbre d'un an de plantation.

D. Que faut-il faire ensuite ?

R. Il faut tailler l'arbre que nous avons sous les yeux (*fig*. 4).

1° Tailler long les branches charpentières faibles ;

2° — court les plus fortes ;

3° — la tige de manière à avoir un œil qui la continue, et des yeux en dessous qui doivent continuer la forme de l'arbre.

D. Que faut-il faire des branches latérales qui poussent sur les branches charpentières et le long de la tige ou tronc ?

Fig. 5. — Branche à bois.

R. Il faut, pour le poirier comme pour le pommier, former des coursons : les coursons sont de quatre sortes, 1o le courson formé par la branche à bois, 2o par la brindille, 3o par le dard, 4o et enfin celui que forme le bouton à fruit après avoir fleuri et fructifié ou non.

D. Quelle longueur doit avoir un courson ?

R. Il doit avoir de 8 à 10 centimètres de long.

D. Comment forme-t-on le courson avec la branche à bois (*fig.* 5) ?

R. Si la branche à bois n'a pas été pincée dans le cours de la végétation, elle doit être taillée à la longueur convenue; si au contraire

Fig. 6. — Brindille.

elle a été rompue ou pincée, elle sera taillée au-dessus de cette opération première ou rupture, et au moment de la végétation elle sera traitée par le pincement comme on verra plus loin.

D. Comment se forme le courson par la brindille (*fig.* 6)?

R. Si comme la branche à bois elle n'a pas été pincée, elle doit aussi être taillée à 8 ou 10 centimètres. Si comme la branche à bois elle a été rompue ou pincée, elle sera aussi taillée au-dessus de cette opération ; puis au moment de la végétation on la traitera par le pincement, comme il sera dit plus loin.

D. Comment se forme le courson par le dard (*fig.* 7)?

R. Le dard est une branche qui ne s'allonge jamais beaucoup et qui se termine le plus souvent la

Fig. 7. — Dard.

deuxième ou troisième année par un bouton à fruit; la première année ce bouton est déjà très-gros, ce qui fait qu'on l'appelle dard couronné. Comme cette végétation s'allonge rarement à plus de 8 à 10 centimètres la première année, il ne faut pas y toucher à la taille.

D. Comment se forme le courson par la branche qui a porté fleur ou fruit ?

R. Chaque fois qu'un bouton à fruit est formé, il fleurit, qu'il rapporte du fruit ou non; il se forme à la base de chaque pédoncule de la fleur un renflement, que l'on pourrait appeler pédoncule commun ou pédoncule de la fleur. Cette grosseur s'appelle vulgairement *bourse*; sur ce renflement il y a toujours un et plus souvent deux boutons, qui, si on n'y touche pas, formeront des boutons à fruit. Ces fleurs le plus souvent ne rapporteront pas de fruit, et le courson n'aura pas la longueur voulue.

Fig. 8. — Dard ayant porté fruit.

D. Que faut-il donc faire alors ?

R. Il faut couper ce renflement en deux (*fig.* 8), en laissant seulement un des deux yeux, qui s'allongera le plus souvent en dard; alors le courson sera traité comme celui qui est formé par le *dard.*

D. Vous venez de nous dire ce qu'il faut faire lorsqu'il y a eu fleur sur un courson court; mais si le courson est long, et si sa fleur ou son fruit ont paru à l'extrémité, faudrait-il faire le même travail ?

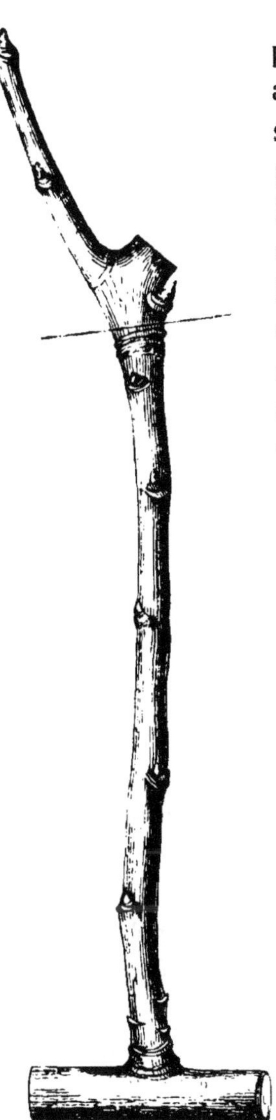

Fig. 9. — Courson long avec pédoncule.

R. Non, il faudrait couper le pédoncule ou bourse en entier avec les boutons qui sont poussés dessus. Au dessous de la partie lisse du pédoncule ou bourse, il se trouve des lignes circulaires où étaient attachés les pétioles des feuilles verticillées de l'année précédente ; dans ces lignes il y a des rudiments d'yeux qui se développeront, le plus souvent par trois, autour de la partie laissée. Cette partie se nomme la couronne. Aussi la taille à un écu sur couronne de La Quintinye avait-elle grandement sa raison d'être. On ne l'a pas compris ; de là l'erreur de la taille à un écu sur l'empâtement ou insertion. La figure 9 ci-contre fera facilement comprendre ce travail.

D. Est-ce là tout ce que l'on doit faire à la branche coursonne du poirier et du pommier, dits arbres à pépins ?

R. Non, car il y a une branche essentiellement fruitière qu'il faut savoir reconnaitre et garder le plus possible; cette branche est la lambourde. Ici, nous nous trouvons en face d'une véritable confusion; les uns appellent lambourde le dard qui se prépare à devenir bouton à fleur; d'autres appellent lambourde tout bouton à fleur formé; d'autres, enfin, appellent lambourde une succession de pédoncules ou bourses. A notre avis, il n'y a d'autres lambourdes que les végétations qui, partant d'un pédoncule ou bourse, forment une partie ligneuse, petite branche boisée qui peut varier en longueur. Si l'on veut y faire attention, toujours ces sortes de végétations ont un bouton à fleur à leur extrémité la deuxième année, quelle que soit leur longueur. Aussi le but que nous cherchons en coupant le pédoncule en deux, c'est d'obtenir une partie ligneuse partant du pédoncule. Sans ce travail, lorsque l'un des boutons du pédoncule ne forme pas de partie boisée, on a des fleurs et non du fruit. Que l'on coupe un pédoncule sans végétation ligneuse, et on le trouvera presque mort à l'intérieur.

D. Comment reconnaît-on, au moment de la végétation, les différentes branches que vous venez de nommer pour former les coursons ?

R. 1° La branche à bois, au commencement de sa végétation, paraît le plus souvent velue et cotonneuse; l'on voit un duvet sur toute sa longueur; elle a à l'aisselle ou insertion de chaque feuille deux petites follicules que l'on nomme feuilles stipulaires, ou organe formateur et conservateur de cet œil; puis elle se reconnait encore en ce que, à son point de départ, il n'existe que deux feuilles en faisceau; puis les feuilles alternes sont assez éloignées les unes des autres.

2o La brindille au commencement de sa végétation paraît lisse, sans duvet; les feuilles stipulaires ne paraissent qu'à la quatrième ou cinquième feuille alterne ; puis à son point de départ elle a au moins trois feuilles, souvent quatre et même cinq verticillées (réunies en faisceaux).

3o Le dard au commencement de sa végétation paraît, comme la brindille, lisse et sans duvet; les feuilles stipulaires ne paraissent aussi qu'à la quatrième et cinquième feuille alterne quand il atteint cette longueur; puis à son point de départ ou commencement de sa végétation, il a quatre, cinq et même six feuilles, qui paraissent aussi verticillées (réunies en faisceaux).

4o Le bouton à fruit se reconnaît toujours par sa différence (suivant les espèces) d'avec les boutons à pousse ou à bois.

Au surplus, les dessins qui précèdent, observés attentivement, feront facilement reconnaître ce qui vient d'être dit au sujet des branches coursonnes.

D. Comment doit-on traiter chaque sorte de branches coursonnes, par la rupture ou *pincement*, au moment de la végétation ?

R. Il faut, aussitôt que la végétation commence, pincer ou rompre la branche à bois à son état herbacé, à deux ou trois feuilles alternes, ou à huit ou dix centimètres de long si l'on forme le courson; si au contraire le courson est formé, il faut rompre la pousse aussitôt son apparition sur le sommet du courson ; les pousses latérales qui se formeront sur le courson seront traitées suivant leur nature.

La brindille pour former le courson sera rompue à deux feuilles stipulaires, soit à quatre ou cinq feuilles alternes ; si au contraire le courson est formé, il faudra rompre la pousse aussitôt son apparition sur le courson; puis les pousses latérales, s'il en venait, seront traités aussi suivant leur nature.

Les dards, ainsi que les boutons à fruit, ne doivent subir aucune opération, ni au début, ni dans le cours de la végétation, excepté quand le dard s'allonge trop; alors il rentre dans la catégorie des brindilles et il est traité comme tel (*fig.* 10).

D. Sont-ce là toutes les sortes de branches que l'on trouve sur les arbres à pépins, poiriers et pommiers?

R. Non, il y a sur l'une et l'autre de ces sortes d'arbres le bourgeon adventice et le dard imbriqué. Le bourgeon adventice est une branche qui se développe sur un point non déterminé par avance, et où l'on n'apercevait aucune végétation. Ce bourgeon adventice prend toujours le caractère d'une des végétations citées ci-dessus; nous n'avons donc pas à nous en occuper, à proprement parler, puisqu'il sera traité suivant sa nature.

Le dard imbriqué est une végétation dont l'extrémité acquiert tous les ans trois ou quatre feuilles verticillées ; végétation que les jardiniers appellent rosette de feuilles, indice qui, suivant eux, annonce un bouton à fleur pour l'année suivante. Mais leur attente dans ce cas est souvent trompée, puisque

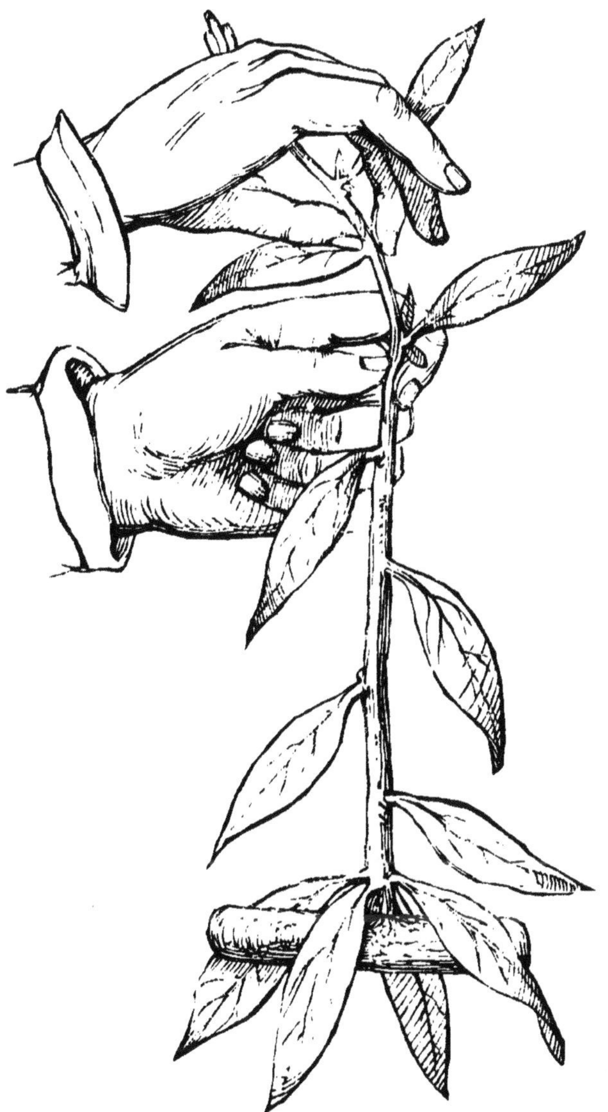

Fig. 10. — Rupture avec bifurcation.

nous avons trouvé beaucoup de dards imbriqués de 10, 15 et même 20 ans qui n'avaient jamais fleuri. Le dard imbriqué est souvent le produit de la taille à un écu sur l'empâtement ou insertion. Lorsqu'une pareille végétation se présente, ayant quatre ans sans boutons à fleur, nous en rognons l'extrémité ; alors il se développe de nouvelles végétations sur les couronnes qui existent dans sa longueur.

D. Les branches charpentières ainsi que la tige doivent-elles être traitées par la rupture ou pincement ?

R. Oui, mais seulement celles qui poussent plus que les autres, de manière à équilibrer la végétation et avoir des branches à peu près d'égale force ; puis si la tige, que l'on nomme tronc ou flèche, pousse de manière à entraîner toute la végétation par le haut de l'arbre, il ne faut pas non plus la laisser s'emporter ; il faut, au contraire, l'arrêter, même plusieurs fois si cela est utile. Seulement, au lieu de rompre la pousse sur l'œil, comme pour former le courson avec bifurcation, il faut rompre la pousse entre deux yeux (*fig.* 11), afin que l'œil restant au-dessous de la rupture pousse sans bifurcation.

D. Est-ce là tout ce que l'on doit savoir pour connaître parfaitement l'arboriculture relativement aux fruits à pépins ?

R. Non, mais cela suffit pour la pratiquer avec plaisir et avec produit.

D. En commençant, vous nous avez dit que chaque espèce d'arbres demande des soins particuliers ?

R. Oui ; aussi ai-je commencé par les arbres à pépins. Il nous reste à traiter les arbres à noyaux, qui sont principalement, comme je l'ai dit, les pêchers, les pruniers, les cerisiers et les abricotiers.

D. Comment traite-t-on les pêchers?

Fig. 11. — Rupture sans bifurcation entre deux yeux.

R. Les pêchers se plantent comme les autres arbres, puis se rabattent de manière à conserver des yeux qui doivent par la suite servir à former les branches charpentières, suivant la forme que l'on désire faire prendre à l'arbre. Il y a, cependant, une remarque assez importante à faire au sujet de la plantation des arbres à noyau : c'est qu'il faut que la greffe soit aussi loin du sol que possible, car l'humidité coagule la séve à l'endroit de la greffe. Nous avons vu souvent des arbres gommeux qui, étant déchaussés au-dessous de la greffe, ont repris une bonne végétation normale.

D. Le pêcher est-il plus difficile à traiter que les autres arbres à noyau?

R. Non; au contraire, c'est certainement le plus facile, se prêtant à toutes les formes; mais il faut éviter les empâtements ou dessus, qui toujours, malgré tous les soins, font périr les branches sur lesquelles on les laisse se former; puis les pêchers réclament des soins particuliers.

D. Quels sont ces soins?

R. D'abord, il faut planter les pêchers le long d'un mur (le pêcher en plein vent vit peu de temps, et, dans la majeure partie de nos départements en France, son fruit ne vaut pas, à beaucoup près, celui des pêchers en espalier). Les murs que l'on désire garnir de pêchers doivent avoir un avant-toit fixe, que l'on nomme chaperon. Ce chaperon doit avoir au moins 25 à 30 cent. de saillie pour un mur de 2 mètres 80 de haut, et plus si le mur est plus élevé. Règle générale, il doit avoir à l'exposition du soleil levant 8 centimètres de saillie par mètre d'élévation; à l'exposition du midi, 11 centimètres de saillie par mètre d'élévation; à l'exposition du couchant, 14 cent. de saillie par mètres d'élévation, afin que la pluie ne tombe pas sur le pêcher ni sur les branches fruitières, surtout au printemps au moment de la végétation. On comprend par cette explication qu'il faut que le pêcher ne soit pas planté trop loin du mur.

Indépendamment des avant-toits fixes ou chaperons, il faut encore mettre des avant-toits mobiles en paille, que l'on nomme paillassons; ils doivent avoir de 40 à 50 centimètres de large; on les met de février à juin. On les pose sur l'avant-toit fixe et sur des supports scellés dans le mur à 10 ou 12 cent. au-dessous de l'avant-toit fixe; puis, pour être plus certaines d'un bon résultat, il y a beaucoup de personnes qui ajoutent aux avant-toits fixes ou mobiles des toiles, dites toiles à espalier.

Puis, comme soins, il ne faut pas oublier, chaque fois que l'on coupe une branche attenante à l'une des branches charpentières, de rafraîchir la plaie avec la serpette ou le greffoir, la recouvrir avec du mastic horticole. Ce mastic est une composition qui s'emploie à froid avec une spatule en bois ou la lame d'un couteau; il empêche l'action de l'air, qui dessécherait la plaie, et facilite par son élasticité le recouvrement par une nouvelle couche de cambium. Son emploi est utile pour tous les arbres, mais pour les pêchers on pourrait dire qu'il est indispensable (1).

Lorsqu'une petite branche coursonne vient à mourir, par accident ou par suite d'une taille sans yeux à bois, il faut avoir soin de la couper au ras de la branche, attendu que, si on laisse un onglet ou que l'on ne rafraîchisse pas la plaie, la partie froissée déterminera de la gomme qui peut faire périr la branche mère ou l'une des charpentières. L'onglet laissé sur le pêcher meurt toujours; il entraîne la mortalité jusqu'à l'étui médullaire de la branche dont il procède; cette partie morte arrête la séve, et au point d'arrêt il se forme un amas que l'on nomme coup de gomme. Ces coups de gomme sont souvent difficiles à guérir : avec un peu de soin et de précaution on les préviendra.

Le pêcher est encore attaqué par beaucoup d'insectes : 1° les pucerons verts et noirs, que l'on dé-

(1) On trouve ce mastic chez M. Lhomme-Lefort, rue de Paris, 162, à Belleville-Paris

truit par des fumigations de tabac ; 2° les punaises kermès plates et rondes ; l'une a la forme de la moitié d'un grain de poivre, l'autre la forme d'une petite nacelle renversée.

On détruit ces insectes en brossant avant la végétation tout l'arbre attaqué ; il faut de plus visiter l'arbre du 1er au 25 mai. Ces insectes ont alors acquis leur grosseur et sont visibles à l'œil nu. Pour se débarrasser de ceux que la brosse n'a pas atteints, il faut les écraser avec un petit morceau de drap ou une spatule en bois taillée en lame de couteau.

A la fin de ce petit traité, on trouvera plusieurs moyens pratiques de détruire les divers insectes qui attaquent nos arbres fruitiers, tant sur la partie ligneuse que sur la partie herbacée.

Le pêcher est encore attaqué au printemps par une petite chenille verte que l'on nomme verreau. Ce petit insecte est très-vif ; il ronge l'extrémité des jeunes rameaux. Il faut, pour le détruire, le chercher et l'écraser.

D. Comment faut-il traiter les branches charpentières des pêchers la première année et les suivantes?

R. Il faut les laisser pousser en les attachant dans la direction qu'on désire leur faire prendre. Cependant, si une ou plusieurs branches prenaient beaucoup plus de force que les autres, il faudrait les attacher dans la direction horizontale ; même, quelquefois, il faut en incliner l'extrémité vers le sol. Dans les arbres à noyaux, il faut éviter la rupture des branches charpentières. Ce travail donne des bourgeons anticipés qui sont toujours d'un fâcheux effet pour la suite. Les branches faibles doivent être détachées de l'espalier vers le mois de juin, époque où l'on n'a plus à craindre les pluies froides, et attachées verticalement à un tuteur, un peu en avant du mur ou espalier. On les verra vite prendre de la force par ce moyen.

D. Que faut-il faire des branches qui ne doivent pas par la suite former des branches charpentières?

R. Il faut les arrêter par la rupture ou pincement au moment où ces branches ont cinq feuilles alternes.

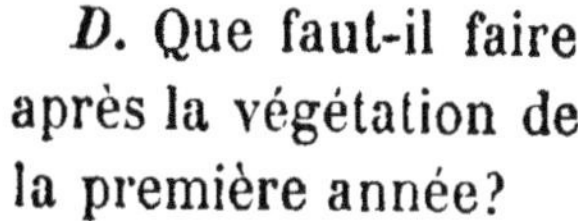

Fig. 12. — Jeune sujet de pêcher.

D. Que faut-il faire après la végétation de la première année?

R. Il faut tailler les branches charpentières faibles plus long que les fortes ; puis tailler la branche qui doit continuer la tige ou tronc, de manière à conserver un œil pour la continuer et des yeux en dessous pour former des branches charpentières, suivant la forme que l'on a adoptée. (Voir *fig.* 12.)

D. Le pêcher forme-t-il ses boutons à fruit comme les arbres à pépins ?

R. Non ; le pêcher ne forme ses fleurs et ne porte du fruit que sur le jeune bois de l'année précédente : d'où il suit que l'on doit avant tout protéger ce jeune bois.

D. Comment taille-t-on le pêcher ?

R. Pour bien tailler le pêcher, il faut attendre que la végétation commence, afin de conserver *un* ou mieux *deux* yeux à bois sur chaque petite branche à fruit, que l'on nomme coursonne.

D. N'y a-t-il pas, sur le pêcher, d'autres branches que les branches charpentières et les branches à fruit ?

Fig. 13. — Bouquet de mai.

R. Il y a encore une petite branche que l'on nomme bouquet de mai ou cochonnet (*fig.* 13); cette petite branche est souvent garnie de boutons à fleur, n'ayant qu'un œil à bois à l'extrémité. Il ne faut jamais tailler cette petite branche, qui porte presque toujours du fruit, mais qui vit peu d'années; il ne faut pas compter sur elle pour avoir un courson vigoureux.

D. Que faut-il faire quand la végétation du pêcher se met en mouvement?

R. Il faut le traiter par la rupture du bourgeon à l'état herbacé (le pincement).

D. Comment se fait la rupture?

R. La rupture ou pincement des jeunes bourgeons est très-facile pour le pêcher. Nous venons de voir, en parlant de la taille, que l'on doit autant que possible conserver deux yeux à bois sur chaque branche coursonne. Ces deux yeux donnent deux jeunes rameaux qui doivent être traités de la manière suivante : celui du haut du courson doit être arrêté par la rupture aussitôt son développement, tandis que celui du bas ne doit être arrêté qu'à cinq feuilles alternes. Ce rameau s'appelle le bourgeon de remplacement (*fig.* 14).

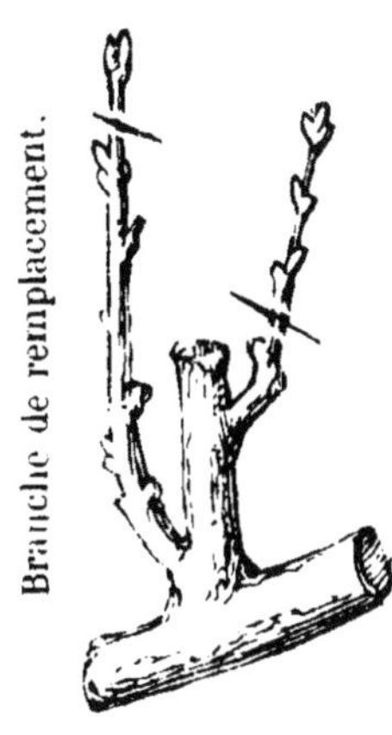

Fig. 14. — Branche coursonne du pêcher.

D. Après ce premier pincement, que faut-il faire dans le cours de la végétation ?

R. Il faut repincer, à deux feuilles au-dessus du premier pincement, chaque pousse qui se développe après la première opération, et cela autant de fois que la végétation paraît vouloir se mettre en mouvement.

D. Que faut-il faire aux branches charpentières?

R. Les attacher au fur et à mesure qu'elles s'allongent dans la direction qu'elles doivent suivre par la suite; puis, s'il en est qui prennent beaucoup plus de force que les autres, il faut les incliner comme nous l'avons indiqué pour la première année. Si la tige principale ou les tiges principales, suivant la forme que l'on a adoptée, viennent à s'emporter, il faut leur donner de l'ombre, moyen d'une efficacité certaine. Il y a aussi des arboriculteurs très-capables à

Montreuil qui, pour diminuer la force des branches charpentières et surtout pour éviter les bourgeons anticipés qui se produisent trop souvent sur les arbres à noyau vigoureux, laissent deux rameaux pour prolongement au lieu d'un; le rameau supérieur pousse avec des bourgeons anticipés, tandis que l'inférieur reste avec ses boutons ordinaires. Alors on supprime le supérieur, et l'on se sert de l'inférieur pour continuer la branche charpentière.

D. Comment faut-il traiter les pruniers?

R. La majeure partie des pruniers se traitent absolument comme le pêcher pour la plantation, la taille, la formation des branches charpentières, à l'exception des branches coursonnes, qui toutes, sans exception, doivent être pincées à trois feuilles, ce qui fait environ une longueur de 3 à 5 centimètres au plus. Si l'on faisait la rupture des branches coursonnes à une longueur de 12 à 15 centimètres, on aurait dans cette longueur des boutons à fleur, et un ou deux yeux à bois à l'extrémité. L'année suivante, on serait obligé, pour avoir un œil à bois, de tailler long, et en deux ou trois ans on aurait des branches coursonnes de 30 à 40 centimètres de long, ce qui aurait encore pour résultat de donner des fruits trop nombreux, par cela même trop petits, et l'arbre s'épuiserait vite.

D. Ne reste-t-il rien à savoir au sujet des pruniers?

R. Il reste à faire une remarque très-utile : c'est que les pruniers, les cerisiers, les abricotiers ne donnent, en général, leurs fruits que sur le bois d'un an, venu sur celui de deux. Cette particularité a fait dire à un professeur non praticien, dans une séance publique où j'étais l'un de ses auditeurs, que les pruniers mettaient, comme le poirier, trois ans pour former leurs boutons à fleur. Je relève ce fait, qui pourrait induire en erreur; car il n'y a pas besoin d'attendre plusieurs années pour obtenir des fleurs et des fruits si l'on a le soin de tailler les branches coursonnes avec au moins un œil à bois. Que ce jeune bourgeon soit traité par la rupture, comme nous venons de le dire, et tous les ans on aura des boutons à fleur.

D. Comment traite-t-on les cerisiers?

R. Les cerisiers, en général, ne sont pas assez cultivés en espalier. Cependant, soumis à ce mode de culture, ils donnent de bien plus beaux produits et les récoltes sont plus assurées, surtout si les espaliers sont munis de chaperons formant saillie, comme nous l'avons dit pour le pêcher. Du reste, tous les arbres fruitiers sont dans de meilleures conditions le long des murs chaperonnés.

D, Quels sont les soins à donner aux cerisiers en espalier?

R. Pour la plantation et pour la formation des branches charpentières, on les traite comme les pêchers; mais les branches coursonnes ne se traitent pas tout à fait de même.

D. Comment établit-on et traite-t-on les branches coursonnes ou fruitières?

R. Lorsqu'un cerisier est planté auprès d'un mur pour être dirigé en palmette simple ou palmette double, même en éventail, en évitant les empâtements, il faut, la première année, conserver les pousses qui par la suite doivent faire des branches charpentières et les rameaux ou la tige, suivant la forme qu'on désire avoir; puis les autres branches doivent être arrêtées par la rupture ou pincement à l'état herbacé à 10 ou 15 centimètres au plus. Ces branches arrêtées sont des branches coursonnes.

D. Si ces branches coursonnes se remettent en végétation, que faut-il faire?

R. Les arrêter de nouveau par le pincement à deux feuilles au-dessus de la première opération.

D. A quelle époque et comment faut-il tailler les cerisiers?

R. Les cerisiers, comme tous les arbres à noyaux, ne doivent être taillés que lorsque la végétation commence, attendu que, pour conserver les branches coursonnes, il faut qu'il existe sur chacune d'elles au moins un œil à pousse que l'on appelle ordinairement œil à bois.

Les cerisiers se taillent comme les autres arbres. Quant aux branches charpentières, les branches faibles sont taillées plus long que les branches charpentières fortes; puis le tronc, que l'on nomme flèche ou tige, se taille de manière à avoir en dessous des yeux à bois, qui doivent former des rameaux destinés à continuer la forme que l'on a adoptée.

D. Comment taille-t-on les branches coursonnes des cerisiers?

R. Il n'y a pas d'arbre qui forme autant de boutons

à fleur que le cerisier; lorsque la branche coursonne est bien traitée par la rupture ou pincement (*fig.* 15), souvent chaque branche coursonne a à sa base, la seconde année, plusieurs bouquets de mai (*fig.* 16; il faut dans ce cas n'en laisser qu'un et tailler court sur un seul œil à bois les branches que l'on a pincées, et, pour être plus certain d'avoir des yeux à bois, tailler au-dessus du premier pincement.

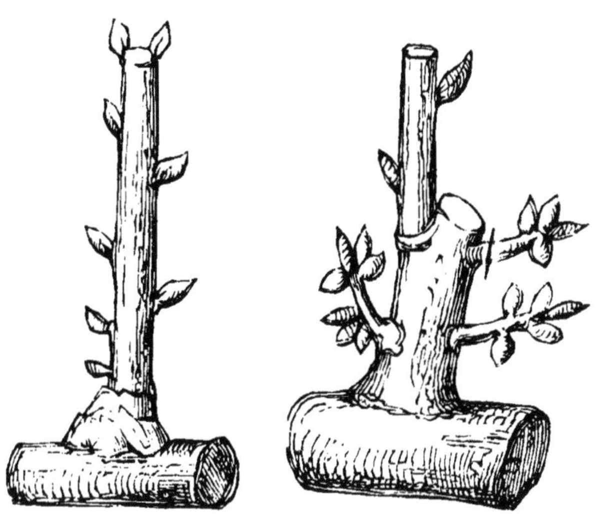

Fig. 15. — Courson du cerisier, 1re année.

Fig. 16. — Le même, 2e année.

D. Le cerisier ne peut-il pas aussi se traiter en pyramide?

R. Oui, ainsi que les pruniers et les abricotiers; alors le pincement doit se faire sur les branches coursonnes comme sur les arbres en espalier.

D. Est-ce là tout ce que l'on doit savoir pour cultiver les cerisiers en général?

R. Non, attendu que tous les cerisiers n'ont pas le même mode de végétation. Par exemple, l'on remarquera que l'Anglaise hâtive, l'Anglaise tardive, la Royale, l'Impératrice-Eugénie, etc., forment sur le bois de deux ans une quantité de petites agglomérations de boutons à fleur avec un œil à bois à l'extrémité. Ces petites branches, qui n'ont souvent que 3 centimètres de long, se nomment bouquets de mai du cerisier.

Si, au contraire, on cultive les Montmorency à courte et à longue queue, la cerise aigre qui se met le plus à l'eau-de-vie, la Reine-Hortense, la cerise du Nord, la Belle-Audigeoise, la Belle-de-Soissons, la majeure partie des bigarreaux, etc., etc., on pourra remarquer que les branches fruitières sont longues et flexibles; c'est pour cette raison que nous les nommons cerisiers à bois pleureur; sur ces variétés il faut faire la rupture des branches coursonnes à 8 ou 10 centimètres de long, et à la taille, conserver sur chaque courson deux et même trois petites branches qu'il ne faut pas tailler, puisque l'œil à bois se trouve le plus souvent à l'extrémité.

D. N'y a-t-il pas des soins particuliers à donner aux cerisiers?

R. Oui; en général, on trouve, à la base des pédicelles ou queues des cerises naissantes des feuilles ou bractées florales qui vivent peu de temps; elles se dessèchent sans tomber, elles forment à la base des pédicelles un amas qui sert de repaire à plusieurs sortes de petites chenilles à corps lisse, ayant la tête noire, ressemblant beaucoup à la Pyrale de la vigne;

ces insectes rongent et cernent le pédoncule des cerises : aussi voit-on celles-ci prendre la teinte de maturité quoique à peine grosses comme un pois; alors elles tombent. Si, lorsque les feuilles florales sont jaunes, on les fait tomber avec les doigts, on assure la récolte par ce simple moyen. En faisant ainsi la chasse à ces insectes, on a des cerisiers plus propres, exempts de ces feuilles contournées qui se voient ordinairement lorsqu'on n'a pas ce soin.

D. Comment traite-t-on l'abricotier?

R. Il se plante et se dirige pour la formation des branches charpentières absolument comme le pêcher, et s'il était moins sujet aux extravasations de séve (coups de gomme), il serait l'arbre le plus facile à diriger par la facilité qu'il a de donner naissance à de nouveaux jets, bourgeons adventices, qui se développent sur le tronc et sur toutes les branches charpentières.

D. Comment taille-t-on l'abricotier?

R. Les branches charpentières se taillent comme celles des autres arbres, les faibles long, les fortes plus court, et la tige aussi de manière à conserver des yeux en dessous et obtenir des rameaux pour continuer la forme que l'on a adoptée.

D. Comment se forment et se taillent les branches coursonnes?

R. Les branches coursonnes se forment par la rupture ou pincement de toutes les branches qui se développent, à l'exception des branches charpentières qu'il faut laisser pousser.

D. A quelle longueur doit-on arrêter les branches coursonnes sur les abricotiers ?

R. Le plus court possible : il suffit de 3 centimètres de long pour avoir beaucoup plus de boutons à fleur qu'il n'en faut (*fig.* 17).

Fig. 17. — Courson de l'abricotier.

D. Comment faut-il tailler les branches coursonnes de l'abricotier ?

R. Il faut aussi attendre le moment de la végétation, et tailler de manière à avoir un œil à bois sur chaque branche coursonne.

D. Ne faut-il pas quelquefois arrêter ou pincer les branches charpentières et la tige des abricotiers ?

R. Non, il faut, comme nous l'avons dit au sujet du pêcher, attacher celles qui prendraient trop de force dans la direction horizontale, même quelquefois en incliner la cime vers le sol ; en un mot, se reporter, pour le traitement des branches charpentières des arbres à noyau (cerisiers, pruniers et abricotiers), à ce que nous avons dit des branches charpentières des pêchers la première année et les suivantes.

D. Vous nous avez parlé plusieurs fois de palmette simple, double, éventail. Ne pouvez-vous pas nous en donner le dessin ?

R. Vous le trouverez ici (*fig. 18, 19 et 20*), et vous

remarquerez qu'il n'y a pas d'empâtement ou dessus au départ des branches charpentières.

D. Y a-t-il d'autres formes pour les arbres en espalier et contre-espalier ?

R. Oui, il y en a une à notre avis qui est préférable à toutes celles qu'on connaît, mais elle est peu connue et peu pratiquée, car nous en sommes l'auteur et nous ne l'avons encore indiquée que dans nos leçons publiques ; cependant nous la pratiquons depuis sept ans. On peut voir dans nos jardins le premier

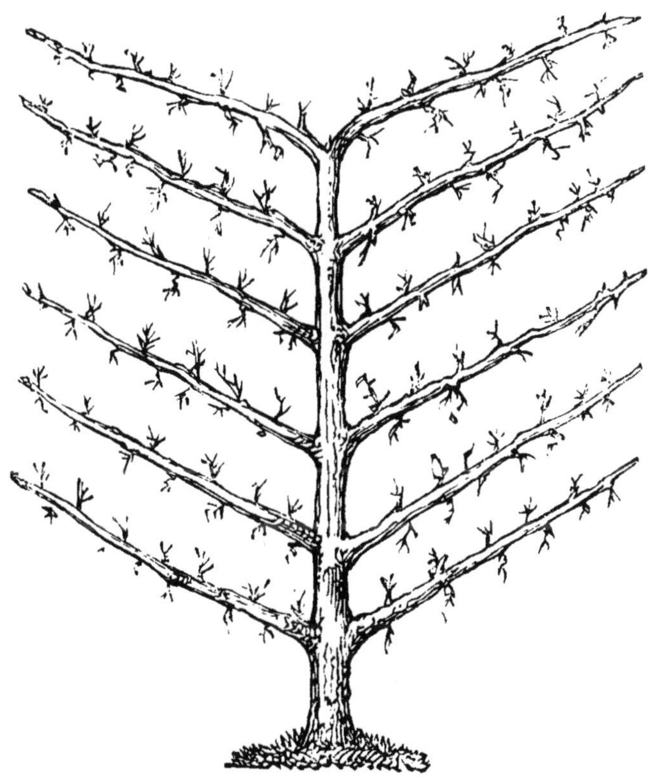

Fig. 18. — Palmette simple.

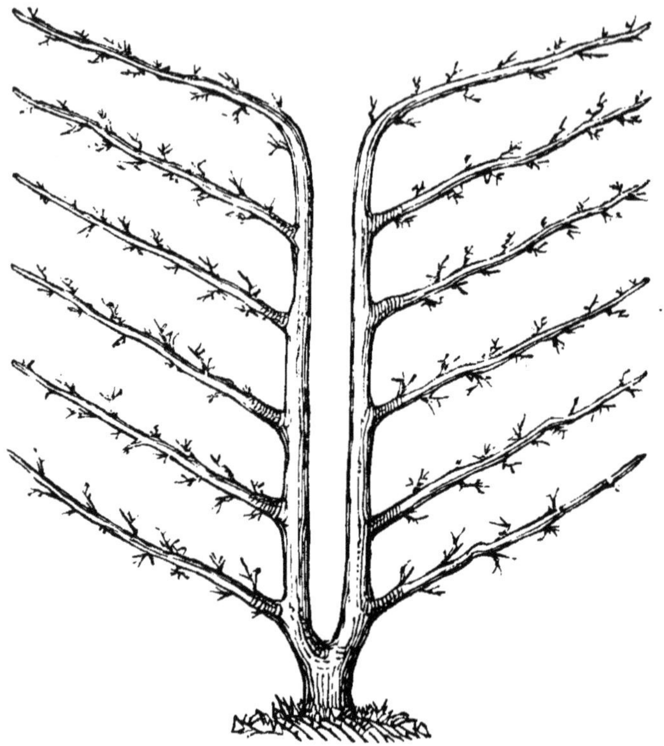

Fig. 19. — Palmette double.

sujet que nous avons soumis à cette forme (*fig.* 21). Des arboriculteurs l'avaient vu, lorsque l'année dernière, au mois de mai, on prétendit nous signaler cette forme comme une nouveauté; on l'a nommée candélabre Trouillet, à branches verticales sans dessus ou empâtement. Cette forme s'est produite pour la première fois d'elle-même sur un arbre non dirigé; depuis, nous y avons soumis la majeure partie de nos arbres tant à pépins qu'à noyaux, et jusqu'ici

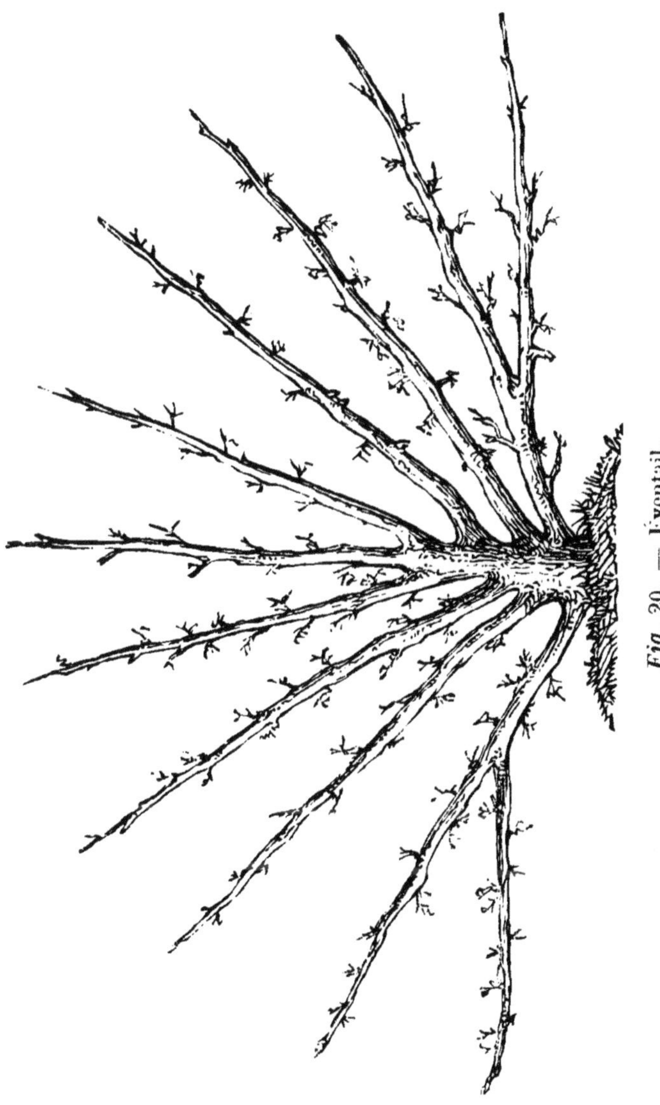

Fig. 20. — Éventail.

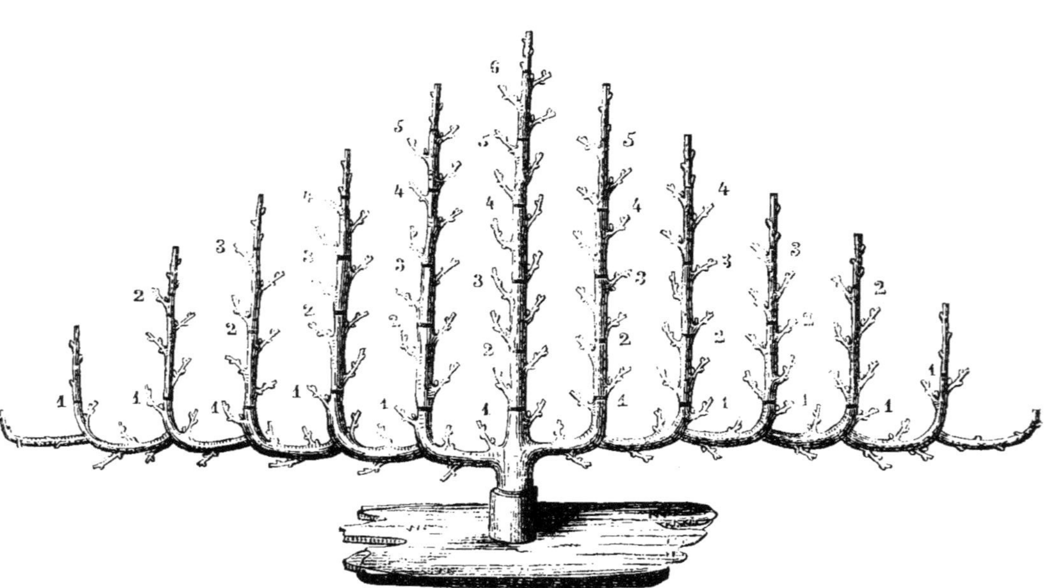

Fig. 21. — Candélabre Trouillet, à branches verticales distantes de 40 centimètres sans dessus ou empâtements verticaux. — 7e année, 6 tailles.

nous y trouvons tous les avantages réunis : branches charpentières faciles à diriger ; branches coursonnes d'égale force, canal médullaire toujours placé au centre de la branche charpentière ; forme d'une étendue non limitée, pouvant mesurer, suivant les forces végétatives de l'arbre et du sol, depuis trois branches charpentières jusqu'à un nombre indéfini. Aussi engageons-nous les amateurs et les jardiniers sérieux à l'essayer dans leur culture.

D. A l'article *Pêcher*, vous avez promis de nous donner quelques moyens de combattre les insectes qui attaquent nos arbres fruitiers ?

R. Je viens tenir parole en indiquant mes recettes pratiques, puis divers moyens qui m'ont été signalés dans les villes où j'ai eu l'honneur d'être appelé comme professeur. N'ayant jamais voulu me parer des plumes du paon, je citerai les personnes qui m'ont communiqué des recettes.

D'abord, procédons par ordre :

Tigre. — De tous les insectes qui attaquent nos arbres fruitiers, le plus redoutable est celui qu'on appelle *tigre sur bois*. Un homme de science, le docteur Boisduval, dans un récent numéro du *Bulletin de la Société impériale et centrale d'Horticulture*, tome X, octobre 1864, décrit le tigre ou pou du poirier, ou *Lecanium pyri*, *Kermes pyri*, *Coccus pyri*, et *Coccus mali*. M. Boisduval n'a dans cette occasion décrit que ce que nous nommons le tigre long, connu aussi sous le nom de teigne. Mais il y en a un autre plus nuisible en ce qu'il faut un œil habitué à le reconnaître pour remarquer sa présence: c'est un tout petit point rond, tantôt de couleur blanchâtre, tantôt brun de plomb, d'autres fois jaunâtre cendré, presque semblable aux petits points que l'on remarque sur certaines variétés de pommiers, principalement la reinette-canada; ces deux sortes d'insectes attaquent les arbres à pépins et à noyaux, le vieux, le jeune bois, et même le fruit. Le seul moyen qui nous ait réussi pour détruire les insectes sur bois, c'est la composition suivante :

On prend un tiers de savon mou, nommé savon noir et savon vert suivant les localités, deux tiers de fleur de soufre; on triture le tout avec les mains; lorsque le mélange est aussi complet que possible, on ajoute par petites quantités à la fois de l'eau aussi chaude que les mains puissent la supporter, on continue d'ajouter de l'eau jusqu'à consistance de bouillie très-claire; alors on prend deux pinceaux, un gros de la main gauche et un petit de la main droite; on passe le gros pinceau en montant le long des branches charpentières et de la tige, en ayant soin d'agiter ce mélange chaque fois qu'on y trempe le pinceau, puis avec le petit pinceau que l'on tient de la main droite, on couvre de ce mélange partout les petites et grosses branches. Ce travail, nommé l'enrobement des arbres, doit être fait après la chute des feuilles, et surtout avant l'ascension de la séve. Toujours ce travail nous a complétement débarrassé des tigres rond et long sur les arbres fruitiers à noyaux et à pépins.

Punaise kermès, ronde et plate du pêcher. — La punaise du pêcher n'est réellement visible que vers le 15 mai, à l'automne et pendant l'hiver. C'est la punaise plate, qui lors de son développement représente la forme d'une petite nacelle renversée, une petite pellicule couleur acajou pâle, qui se trouve sur le vieux bois et surtout sur le jeune, dans l'insertion des boutons. On peut la faire tomber avec une brosse de chiendent. Cet insecte et plusieurs de son genre n'ont de moyen de locomotion que dans le jeune âge. Mais la punaise noire, qui, lors de son développement vers le 1er juin, représente la moitié d'un grain de poivre, est complétement invisible avant cette période. La brosse de chiendent ne la détache pas; il n'y a qu'un moyen de la détruire, c'est d'enrober l'arbre, vieux et jeune bois, avec la composition ci-dessus. Il en est de même des punaises kermès des poiriers, des pruniers, et surtout de la vigne.

Mousse et lichen du poirier, du pommier et de la vigne. — Pour débarrasser les arbres à pépins et la vigne des végétaux parasites, il suffit de prendre deux parties de chaux éteinte et une partie de fleur de soufre; on mélange le tout avec un bâton, au mélange on ajoute de l'eau petit à petit en continuant de remuer jusqu'à consistance de bouillie claire; puis on badigeonne avec un pinceau les végétaux en entier. La chaux a la propriété de détruire les mousses et lichens, la fleur de soufre chasse aussi les insectes en partie.

Pour les arbres à noyaux, on remplace la chaux

par une égale partie de blanc d'Espagne; on doit faire le badigeonnage après la chute des feuilles et avant l'ascension de la séve.

Puceron vert et noir du pêcher et du cerisier. — Ces sortes de pucerons se détruisent facilement par des fumigations de tabac brûlé dans un instrument spécial nommé fumigateur (1). Depuis deux ans nous employons une infusion à froid de tabac; voici un moyen qui nous a été indiqué au jardin potager de Versailles, et qui est plus expéditif.

Faire infuser à froid du tabac en feuilles ou à fumer (les bouts de cigares sont encore préférables comme force) dans un tonneau, à raison de 100 grammes par 6 litres d'eau; mettre une cannelle percée de petits trous en bouchant le bout; ou tendre un linge clair à l'extrémité de la cannelle qui se trouve dans le tonneau, pour empêcher le tabac de pénétrer dans la cannelle. On prépare cette eau vers le mois de mars, et lorsque l'on voit des pucerons, on les asperge avec une pompe-seringue à tube recourbé; on arrose par petits coups répétés, afin de mouiller toutes les parties et de manière à arroser le dessous, les côtés et le dessus des branches : un ou deux arrosages suffisent.

Puceron gris cendré des pruniers. — Les pruniers sont attaqués par une sorte de pucerons que l'eau de tabac ne détruit pas; ces pucerons couvrent tout le dessous des feuilles; le corps gras qui les recouvre empêche le liquide qu'on leur projette de

(1) Le même qu'on emploie pour l'enfumage des ruches.

les mouiller. Cependant avec la pompe-seringue, en agissant par petits coups répétés, on parvient à la longue à les déplacer un peu et à les mouiller. Après avoir essayé bien des moyens pour les détruire, je suis parvenu à les éclaircir un peu en leur envoyant de la chaux vive en poudre après arrosages; mais ce moyen ayant été employé à l'arrière-saison, j'ignore si la chaux vive n'attaquerait pas les feuilles; j'engage chaque arboriculteur à l'essayer en petit. Il est peut-être bon que j'indique ce que j'ai essayé sans succès, afin que l'on fasse d'autres essais contre cet insecte qui détruit la majeure partie de nos jeunes prunes, car tous les ans on entend dire : Les pruniers sont brûlés! En effet, ces pucerons arrêtent la végétation : les feuilles se contournent, les bourgeons s'étiolent et les fruits tombent.

Voici ce que j'ai essayé sans succès :

Fumigation de tabac;

Infusion *idem*;

Eau acidulée avec le vinaigre;

— avec l'acide sulfurique;

Infusion de poireaux;

— de feuilles de figuier;

— à l'esprit de vin, des plantes aromatiques, romarin, absinthe, menthe, poivre, coupage d'esprit de vin et d'eau, le vernis à l'esprit de vin, naphthate après arrosage. On m'assurait dernièrement que les feuilles d'artichaut, étant macérées dans l'eau pendant une huitaine de jours, étaient un moyen excellent pour détruire les pucerons en général. Ce moyen serait à essayer.

Puceron vert du pommier. — Ce puceron ne se détruit pas non plus avec l'eau de tabac ni avec les fumigations; il ne se montre en général sur les jeunes rameaux et les feuilles que vers la fin de juin. Le moyen qui nous a le mieux réussi, c'est de brosser avec une brosse de chiendent.

Puceron lanigère. — Ce puceron n'attaque fortement que les pommiers, et si on ne débarrasse l'arbre, le plus souvent il le fait périr. Voici un moyen fort simple qui nous réussit depuis plusieurs années : 1° brosser fortement les parties attaquées avec une brosse de chiendent; 2° passer ensuite un pinceau trempé dans le vernis gomme laque à l'esprit de vin.

Un pépiniériste de Chauny (Aisne) nous assurait dernièrement à Saint-Quentin, dans une de nos leçons d'arboriculture, que les cendres des fours à chaux jetées à la volée sur les pommiers atteints de pucerons lanigères, avaient promptement détruit ces insectes dangereux.

Cloque des arbres en général, et principalement du pêcher. — Plusieurs personnes ont pensé que la cloque ou boursoufflure des feuilles était une maladie. Nous pouvons assurer que ce n'est qu'un arrêt subit de sève par suite d'un changement brusque de température, avec une petite pluie froide qui coagule la sève. Les arbres de toutes sortes étant convenablement abrités de février à juin seront toujours exempts de cet accident.

Perce-oreille. — On ne sait pas assez, en général,

les dégâts que font les perce-oreille. Avant la maturité des fruits, ils mangent les feuilles des arbres, principalement celles des pêchers, au point que très-souvent il n'en reste que les nervures qui représentent une dentelle. Comme ces insectes fuient la lumière du jour et ne font leurs dégâts que la nuit, on peut très-facilement les attirer dans des salades montées, que l'on place la racine en l'air et attachées entre les branches des arbres ou entre l'arbre et le treillage. La salade est le moyen qui réussit le mieux; mais on peut prendre les perce-oreille avec une poignée de branches feuillues, avec de petits bottillons de menu foin peu serré, et, en un mot, avec un amas quelconque laissant des intervalles où les perce-oreille ne manquent jamais de se retirer pour passer le jour. On profite des piéges qu'on leur a tendus pour les détruire; à cet effet, on prend un vase assez grand, un seau ou un chaudron en zinc ou en cuivre; on nettoie proprement l'intérieur, puis, avec les barbes d'une plume trempée dans l'huile, on graisse l'intérieur du vase. Alors on prend chaque chose que l'on a disposée comme piége, et on la secoue au-dessus du vase : le corps gras les empêche de monter après. Par ce moyen, on peut les transporter à la maison. Si on a des volailles, il suffit de leur présenter le vase, elles ont vite tout détruit. Si l'on n'a pas de volaille, on fait bouillir de l'eau que l'on jette dessus : ils périssent instantanément.

Lorsque les perce-oreille sont en terre, on enfonce de loin en loin des petits piquets, en haut desquels on met un vase quelconque renversé, un pot à fleurs, un verre fendu, une coquille d'œuf, mais surtout des ergots de porc; on ajoute dans ces objets un corps laissant des vides; par exemple, du menu foin, un peu d'herbe verte ou sèche, des feuilles, de la mousse, etc. Dans la journée, on visite les piéges, comme nous venons de le dire, en employant le même moyen de destruction.

Lèpre ou blanc-meunier du pêcher. — Les jeunes pousses des pêchers se couvrent quelquefois de végétations cryptogamiques qui envahissent les feuilles et même le fruit, au point que l'arbre paraît comme saupoudré de blanc jaunâtre. Le nom de meunier que l'on donne à cette affection vient sans doute de sa ressemblance avec la farine. L'invasion de ce cryptogame est si rapide qu'on le nomme aussi lèpre. Il suffit de projeter du soufre en poudre sur les parties attaquées, surtout en plein soleil, deux ou trois fois au plus; l'arbre reprend sa vigueur et l'affection disparaît. Pour ce soufrage, comme pour celui de l'oïdium de la vigne, le meilleur instrument que nous connaissions est le soufflet circulaire Gaffée, de Fontainebleau (Seine-et-Marne).

Punaise courante. — Ces insectes, que l'on ne rencontre que sur le pommier et surtout sur le poirier, se réunissent d'abord dans l'insertion des jeunes rameaux avec la branche qui le porte, principalement sur les branches charpentières et la tige. Dans leur jeune âge, ils sont agglomérés en anneaux presque invisibles, ils piquent l'épiderme et empêchent le développement du rameau. Lorsqu'ils ont pris plus de force, ils se répandent sur la branche dans la nuit pour revenir chaque jour se réunir en une insertion quelconque de la branche charpentière. Pour les détruire, on mêle du savon mou dans de l'eau ; puis, avec quelques petits rameaux de bois, on bat cette eau de manière à obtenir une mousse très-épaisse ; avec les barbes d'une plume, on étend cette mousse sur les groupes d'insectes, et ils ne tardent pas à périr.

Taches de rouille, principalement sur les feuilles de poirier. — Depuis quelques années, les feuilles des poiriers dans beaucoup de départements et même aux environs de Paris, sont attaquées par un petit point jaune qui paraît sur la face supérieure du limbe et devient une tache large comme une grosse lentille. Cette tache, vue à la loupe, laisse apercevoir une dizaine de petits points faisant aspérité ; ces points se développent, puis s'ouvrent, et il en sort un cryptogame poilu qui acquiert le volume d'une noisette. Alors la feuille se dessèche et tombe avant l'époque ordinaire. Cette tache jaune se trouve aussi sur les branches, où elle forme un véritable parasite planté dans la partie ligneuse, à l'instar du gui. Contrairement à ce dernier, ce parasite forme un chancre sur la branche ; lorsque l'arbre est fortement attaqué, ce parasite se montre aussi sur le fruit.

Jusqu'alors, bien des moyens pour sa destruction ont été tentés sans résultat. Cependant, M. Millet, jardinier à Soissons, nous assurait dernièrement qu'il employait depuis plusieurs années, avec le plus grand succès, le procédé suivant : remplir un baquet d'eau, en ayant soin de mettre 500 grammes de chaux vive en pierre par seau d'eau ; couvrir le baquet et, vingt-quatre heures après, arroser les arbres attaqués avec cette eau de chaux, sans remuer le fond.

Loches. — Les poiriers, pommiers, pruniers, cerisiers et coignassiers ont les feuilles rongées sur la face supérieure par un insecte ordinairement noir, d'un gras luisant, ayant une tête très-forte relativement au corps. Cet insecte ressemble aux jeunes grenouilles ; je ne sais au juste d'où lui vient le nom de *loche* : il est probable que ce n'est pas son nom scientifique, mais comme il ressemble aux petites limaces, j'ai tout lieu de croire que c'est de là que lui vient cette appellation. Les personnes qui ne connaissent pas cet insecte, qui dessèche la feuille en rongeant toute la partie verte (parenchyme) de la face supérieure, prétendent souvent que c'est un coup de soleil qui les a séchées; nous avons même souvent vu des arboriculteurs praticiens à qui échappait cette cause d'altération. Il est vrai, lorsque l'on ne connaît pas l'insecte, qu'il peut facilement passer inaperçu ; mais lorsqu'on l'a vu une seule fois, il est facile de le connaître à l'altération qu'il produit sur la feuille. Nous avons longtemps cherché vainement le moyen de le détruire; aujourd'hui nous pouvons assurer qu'avec 10 centimes de tabac à priser on peut détruire une très-grande quantité de ces insectes : il suffit que quelques parcelles tombent sur le corps de l'insecte, qui étant gras s'en imprègne et périt.

Taches noires sur les feuilles des cerisiers, des poiriers et pommiers principalement. — Les poiriers, les pommiers, plus encore que les cerisiers, sont attaqués sur la face supérieure des feuilles par une petite mouche offrant beaucoup de rapport avec la guêpe, mais beaucoup plus petite, ayant le corps azuré. Cette mouche au vol très-rapide, voltigeant d'une feuille à l'autre et sans se poser, fait une et jusqu'à dix piqûres, et dépose sur chaque piqûre une larve qui se développe en vivant sous l'épiderme de la feuille et le ronge. La tache devient noire et s'élargit suivant le besoin de l'insecte. Alors cet insecte sort et se transforme en petite chenille zébrée qui, à son tour, attaque les feuilles restées saines, en les ramenant les unes contre les autres avec un petit fil qui lui sert en outre à se laisser tomber lorsque l'on remue l'arbre.

Il est très-facile de le détruire : il suffit de passer l'ongle du pouce sur chaque tache noire; l'insecte logé dans cette tache est si mou qu'il est écrasé par la pression.

Cet insecte fait des dégâts sérieux; nous avons vu souvent dans nos voyages et même chez nous, avant que nous en connussions la cause, des arbres dont toutes les feuilles étaient sèches vers les premiers jours de juillet. Maintenant nous y mettons bon ordre par le moyen qui vient d'être signalé.

Fourmis. — Si la fourmi fait quelques dégâts, il faut convenir qu'elle est aussi d'un grand secours pour l'arboriculteur intelligent. Lorsque l'on voit les fourmis monter dans un arbre, on peut être certain qu'il s'y trouve des insectes nuisibles, soit tigre sur bois, punaise kermès, punaise courante, que l'on ne découvrirait pas sans le secours des fourmis. La fourmi est donc un véritable et précieux limier pour l'arboriculteur.

Qui n'a vu les fourmis indiquer par leur présence l'invasion des pucerons sur les pêchers? Ce n'est pas à dire pour cela qu'il ne faille pas se débarrasser des fourmilières établies au pied des arbres ou des plantes auxquelles elles nuisent beaucoup. Mais, au sujet des fourmis errantes sur les arbres, nous dirons : Débarrassez d'abord vos arbres des insectes, et les fourmis cesseront d'y paraître. Un moyen de les détruire que nous avons employé depuis plusieurs années, c'est de mettre de la poudre de naphthate sur les fourmilières et aux endroits où passent les insectes. Au printemps, à la reprise de la végétation du poirier, on voit assez souvent les fourmis attaquer les boutons à fleur; il suffit dans ce cas d'un peu de cette poudre sur le bouton pour les éloigner.

Cette poudre coûte peu; on la trouve chez M. Lefèvre-Chabert, rue de Charenton, 161, à Paris.

Chenille de l'asperge. — Bien que l'asperge soit un légume, cependant on la trouve souvent dans les jardins fruitiers. Or, nous l'y avons vue souvent sèche en juillet et août, sans que les jardiniers s'en préoccupassent. Nous croyons utile de prévenir que cette cessation anticipée de la végétation, si nuisible aux produits des années suivantes, est due à une petite chenille verte qui ronge les parties herbacées. Un moyen bien simple de détruire cette chenille, c'est de projeter avec le soufflet circulaire (dont nous avons parlé à l'article *Lèpre* ou *Blanc-Meunier* du pêcher) de la poudre de naphthate, dont nous venons de parler à l'article *Fourmis*.

Mulots, loirs et lérots. — Le mulot est une grosse souris que l'on rencontre dans les jardins, surtout le long et dans les cavités des murs en espalier. Il en existe deux espèces : la grosse, dont nous venons de parler; l'autre, beaucoup plus petite, à tête pointue, que l'on nomme vulgairement Musette; les chats les tuent mais ne les mangent pas. Les mulots font un tort considérable en hiver, en rongeant les racines des arbres, surtout des pommiers. Au printemps, ils rongent les jeunes pousses, et au moment des fruits ils choisissent les plus beaux. Les loirs et lérots n'attaquent que les fruits; mais ils font en une seule nuit des dégâts souvent considérables, non par les fruits qu'ils mangent, mais par le nombre de ceux qu'ils entament. Pour nous défaire de ces hôtes incommodes, nous nous servons de petits piéges tout en fer, que nous amorçons avec un peu de pain; ce moyen nous réussit complétement.

Ces petits piéges se trouvent chez M. Stocker, fabricant de sécateurs et d'outils de jardinage, rue Vieille-du-Temple, nº 131, à Paris.

TABLE DES MATIÈRES

Pages.

Avant-propos.. 5
Avant-propos de la première édition.................... 6
Arboriculture.. 7
Mésophyte.. 9
Sujet de boutures.. 10
Empâtements.. 13
Branche à bois.. 16
Brindille.. 17
Dard.. 18
Courson long avec pédoncule.. 19
Lambourde.. 20
Dard avec pédoncule.. 20
Dard imbriqué.. 22
Rupture avec bifurcation.. 24
Rupture sans bifurcation.. 24
Jeunes sujets.. 28
Du pêcher.. 29
Du prunier.. 32
Du cerisier.. 33
De l'abricotier.. 37
Palmette simple.. 39
Palmette double.. 40
Éventail.. 41
Nouvelle forme.. 42

DES INSECTES

Des tigres ou teigne sur bois.. 43
Des punaises kermès du pêcher.. 45
Mousse et lichen du poirier, du pommier et de la vigne... 45
Des pucerons vert et noir du pêcher et du cerisier........ 46
Puceron gris cendré des pruniers.. 46
Du puceron vert du pommier.. 48
Puceron lanigère.. 48
De la cloque des arbres en général.. 48
Des perce-oreille.. 48
Lèpre ou blanc-meunier du pêcher.. 50
Punaise courante.. 50
Taches de rouille, principalement sur les feuilles de poirier. 51
Des loches.. 52
Des taches noires sur les feuilles des cerisiers, etc........ 53
Des fourmis.. 53
Chenille de l'asperge.. 54
Des mulots, loirs et lérots.. 55

Evreux, A. Hérissey, imp. — 265.

Auguste GOIN, Libraire-Editeur

LIBRAIRIE CENTRALE

D'AGRICULTURE ET DE JARDINAGE

(FONDÉE EN 1853)

RUE DES ÉCOLES, 82, PRÈS DU MUSÉE DE CLUNY

Anciennement QUAI DES GRANDS-AUGUSTINS, 41

CATALOGUE GÉNÉRAL

BIBLIOTHÈQUE DE L'AGRICULTEUR PRATICIEN. .... Page 2

Abeilles, Agriculture, Amendements, Bois, Economie rurale, Fumiers, Oiseaux de basse-cour, etc........ 3

BIBLIOTHÈQUE DE L'HORTICULTEUR PRATICIEN.................. 10

Arbres fruitiers, Botanique, Culture potagère, Jardinage. 11

ENCYCLOPÉDIE ILLUSTRÉE DU SPORTSMAN...................... 15

Chasse, Chevaux, Oiseaux de volière, Pêche.......... 15

JOURNAUX français et étrangers.......................... 16

L'Agriculteur praticien............................... 16

L'Apiculteur.. 16

La Flore des serres et des jardins de l'Europe.......... 16

L'Illustration horticole............................... 16

15 FÉVRIER 1865.

NOTA. — Tous les ouvrages composant le présent Catalogue sont expédiés *franco* sans augmentation des prix marqués, sur demande affranchie. — En outre de l'envoi *franco*, il sera fait 5 p. 100 de remise sur les commandes de 31 à 50 fr., et 10 p. 100 sur celle de 51 fr. et au delà. — *Sont exceptés de ces conditions les abonnements aux journaux, sur lesquels il n'est fait aucune réduction.* — Je me charge de fournir aux conditions détaillées ci-dessus les ouvrages de **Droit,** de **Littérature ancienne et moderne,** de **Médecine**, de **Sciences diverses,** etc. — Les demandeurs sont priés de joindre à leur commande un mandat de poste égal à la valeur des ouvrages demandés.

Bibliothèque de l'Agriculteur praticien.

Abeilles. Leur éducation, par A. Espanet. In-18. 40 c.

Agriculteur praticien (*L'*), *Revue de l'agriculture française et étrangère*, 12e année. Prix de l'abonnement. 6 fr.

Agriculture. Quelques observations pratiques, par Bodin. In-18. 15 c.

Alcoolisation générale (*Traité complet d'*). Guide du fabricant d'alcools, etc., etc., par N. Basset. 1 vol. in-18, 2e édit. 6 fr.

Almanach de l'Agriculteur praticien pour 1865. 9e année. 1 vol. In-18 avec de nombreuses fig. 50 c.

Les années 1857 à 1864, chaque. 50 c.

Amendements et Engrais (*Petit Traité des*), par P.-A. de Thier. 1 vol. in-18. (*Sous presse.*)

Analyse chimique appliquée à l'agriculture (*Notions élémentaires d'*), par Isidore Pierre. 1 vol. in-18 avec fig. 2 50

Basse Cour et Lapin. Traité complet de l'élève et de l'engraissement des animaux de basse-cour et du lapin, par Ysabeau. 1 vol. in-18. 75 c.

Bétail (*De l'alimentation du*) aux points de vue de la production, du travail, de la viande, de la graisse, de la laine, du lait et des engrais, par Isidore Pierre. 3e édition. 1 vol. in-18. 2 50

Bêtes ovines (*Des*) **et des Chèvres**, par Ysabeau. 1 vol. in-18. fig. 75 c.

Betterave (*Traité pratique de la culture et de l'alcoolisation de la*), par N. Basset. 1 vol. in-18, 2e éd. 2 fr.

Céréales (*Etudes comparées sur la culture des*), des plantes fourragères et des plantes industrielles, par Isidore Pierre. 1 vol. in-18. 2 50

Chaux, Marne et Calcaires coquilliers. Leur emploi pour l'amendement du sol, par Isidore Pierre. In-18. 2e édition. 50 c.

Cultivateur anglais (*Le*), Théorie et pratique de l'agriculture, par Murphy, trad. de l'angl. sur la 5e édit. par Sanrey. In-18. Fig. 1 50

Culture (*De la petite*), ou moyens d'augmenter le rendement des terres de labour et de jardin, par A. Espanet. In-18. 1 fr.

Dindons et Pintades, par Mariot-Didieux. 1 vol. in-18. 75 c.

Drainage. L'Art de tracer et d'établir les drains, par Grandvoinnet. 1 vol. in-18 avec 160 figures. 3 fr.

Drainage. Résumé d'un cours pour les cultivateurs, par Hernoux, ingénieur. In-18, fig. 1 fr.

Engrais en général (*Des*), suivi de la manière de traiter les matières fécales, par Greff. 2e éd. in-18. Fig. 50 c.

Fourrages (*Recherches sur la valeur nutritive des*), par Isidore Pierre. 1 vol. in-18, 3e édit. 2 50

Fumier (*Plâtrage et sulfatage du*) et désinfection des vidanges, par Isidore Pierre. In-18. 2e édit. 50 c.

Fumier de ferme (*Le*) élevé à sa plus haute puissance de fertilisation et n'étant plus insalubre, par Quenard. In-18, 2e édit. 1 25

Guano du Pérou (*Le*), comp., falsif., emploi et effets de cet engr. 30 c.

Instruments aratoires (*Des*) **et des travaux des champs**, par Ysabeau. 1 vol. in-18, fig. 75 c.

Irrigation (*Manuel d'*), par Deby. In-18 avec 100 fig. 1 50

Irrigations (*Petit Traité des*), par James Donald, traduit par A. de Frarière. In-18 avec fig. 50 c.

Lapin domestique (*Traité pratique de l'éducation du*), par le F. Alexis Espanet, 3e édit. 1 vol. in-18. 1 fr.

Laiterie. — La laiterie. Art de traiter le laitage, de faire le beurre et de fabriquer les diverses espèces de fromages. 1 vol. in-18 avec fig. (*Sous presse.*)

Maïs (*Du*), de sa culture et des divers emplois dont il est susceptible, par Keene et A. de Thier. In-18. (2e *édition sous presse.*)

Maïs (*Alcoolisation des tiges du*) et du **Sorgho sucré**. ALCOOL. — CIDRE. — BIÈRE. — VINS ARTIFICIELS, par DURET, chimiste. In-18. 75 c.

Pigeons de colombier et de volière (*Guide de l'éleveur de*), par MARIOT-DIDIEUX. In-18. 75 c.

Pigeons (*De l'éducation des*), **Oiseaux** de luxe, de volière et de cage, par A. ESPANET. 1 vol. in-18. 1 fr.

Plantes fourragères (*Traité pratique de la culture des*), par DE THIER. 2e édit. revue et augmentée par A. LEROY. 1 vol. in-18. 1 fr.

Porcs (*Du traitement des*) aux différentes époques de l'année. Extrait des meilleurs ouvrages anglais, par J. A. G. In-18 avec 32 fig. 1 25

Porcheries (*De l'établissement des*), dispositions diverses, construction, par J. GRANDVOINNET. 1 vol. in-18 avec 95 fig. dans le texte. 2 50

Poules (*De l'éducation des*), **Dindes, Oies** et **Canards**, par le F. Alexis ESPANET. 1 vol. in-18. 1 fr.

Races bovines (*De l'amélioration des*) en France, et particulièrement dans les départements de l'Est, par SAINT-FERJEUX. 2e édit. 1 fr.

Récoltes dérobées (*Des*), comme fourrages et engrais verts, et culture de la *Moutarde blanche*, trad. de l'angl. par J. A. G. in-18 fig. 75 c.

Sang de rate des animaux d'espèces ovine et bovine, par Isidore PIERRE. In-18. 1 fr.

Semailles en ligne (*Des*) **et des Semoirs mécaniques**, par F. GEORGES. In-8. (Extrait de l'*Agriculteur praticien*.) 50 c.

Sorgho à sucre (*Guide du distillateur du*), par F. BOURDAIS. In-18. 1 fr.

Stabulation (*De la*) **de l'espèce bovine**, p. le bar. PEERS. 1 v. in-18. 1 25

Végétaux (*De la nutrition des*) considérée dans ses rapports avec les assolements, par le baron DE BABO. 1 vol. in-18. 1 fr.

Vers à soie (*Guide de l'éleveur de*), par MM. GUÉRIN-MÉNEVILLE et Eugène ROBERT. 1 vol. in-18 avec figures. 75 c.

Vinification (*Traité pratique de*), par E. RAY. 2e édition. 1 vol. in-18. 1 25

Visite à un véritable agriculteur praticien, par DURAND-SAVOYAT, propriétaire-cultivateur. 1 vol. in-18. 1 25

Abeilles. — Agriculture. — Amendements. — Bois. — Economie rurale. — Fumiers. — Oiseaux de basse-cour, etc.

Abeilles (*De l'Asphyxie momentanée des*) et des moyens de la pratiquer, ses avantages et ses inconvénients, par HAMET. In-18 orné de 10 fig. 50 c.

Abeilles (*Culture des*), par l'abbé FLOQUET, 1 vol. in-18. 1 fr.

Abeilles (*Educat. des*) **et ruche française**, par J. VAREMBEY. In-8°. 1 75

Abeilles. — Guide du propriétaire d'abeilles, par S.-A. COLLIN, 3e éd. 1 vol. in-18, fig. (*Sous presse*.) 2 50

Abeille (*L'*) **italienne des Alpes**. Exposé sur l'art d'élever les reines italiennes de pure race, de les centupler en peu de mois, et de transformer en ruches italiennes les ruches communes, par HERMANN. In-18. 1 fr.

Abeilles (*Méthode certaine et simplifiée pour soigner les*), par FEBURIER. 1 vol. petit in-18, fig. 1 25

Agriculteur commençant, par SCHWERZ, 5e édit. 1 vol. in-18. 1 25

Agriculture (*Cours d'*), par DE GASPARIN. 6 vol. in-8. 39 50

Agriculture. — Les lois naturelles de l'agriculture, par J. LIEBIG. 2 vol in-8°. 10 fr.

Agriculture moderne (*Lettres sur l'*), par J. LIEBIG. 1 vol. in-18. 3 50

Agriculture (*Traité d'*), publié sur le manuscrit de l'auteur, par DE MEIXMORON DE DOMBASLE, 5 vol. in-8. 30 fr.

Agriculture. — Traité élémentaire d'agriculture, par MM. GIRARDIN et DUBREUIL. 2e édit., 2 vol. in-18 ornés de 955 fig. 16 fr.

Agriculture élémentaire, théorique et pratique, par LAGRUE. 6e édit. 1 vol. in-18 cartonné avec grav. 1 25

Agriculture pratique. — Cours d'agriculture pratique professé à Orléans, en 1862, 1863 et 1864, par M. GAUCHERON et rédigé par M. COTELLE. 3 vol. in-12. 3 fr.

Agriculture pratique. — Cours d'agriculture pratique, publié sous la direction de A. YSABEAU. 1 vol. in-18 illustrés de plus de 200 grav. 6 fr.

Agriculture pratique et raisonnée, par JOHN SINCLAIR, traduit de l'anglais par MATHIEU DE DOMBASLE, 1825. 2 vol. in-8o accompagnés de 9 planches. (Exemplaires reliés et brochés.) 15 fr.

Agriculture rationnelle. — Principes d'agriculture rationnelle, par J.-C. CRUSSARD. 1 fort vol. in-8o. 8 fr.

Agriculture romaine. — Fragments d'études sur l'agriculture romaine (extraits des auteurs latins), par Isidore PIERRE. 1 vol. in-18. 1 50

Agronomie. — Recherches théoriques et pratiques sur divers sujets d'agronomie et de chimie appliquée à l'agriculture, par Isidore PIERRE. 2 vol. in 8o. 8 fr.

Le tome 1er contient : Fragments d'études sur l'état de la science des engrais et des amendements chez les anciens Romains. — Analyse des tourteaux de quelques graines oléagineuses. — Recherches expérimentales sur le poids des blés mouillés. — Etudes sur le colza, etc., etc.

Le tome 2 contient : Fragments d'études sur l'ancienne agriculture romaine. — Recherches expérimentales sur le poids de la graine de colza qui a été mouillée. — Recherches expérimentales sur le développement du blé.

Chaque volume se vend séparément.

Agronomie, Chimie agricole et Physiologie, par BOUSSINGAULT, 2e édit. 3 vol. in-8o accompagnés de 6 planches. 15 fr.

Amendements (*Traité des*). Marne, chaux, diverses espèces d'amendements, par PUVIS, 2e édit. 1 vol. in-12. 3 50

Ampélographie universelle, ou *Traité des cépages* les plus estimés, dar ODART, 5e édit. 1 vol. in-8o. 7 50

Animaux domestiques, par LEFOUR. 1 vol. in-18 et fig. 1 25

Animaux (*Recherches expérimentales sur l'alimentation et la respiration des*), par J. ALLIBERT. In-8. 1 50

Apiculture (*Cours pratique d'*), professé au jardin du Luxembourg par HAMET. 2e édit. 1 vol. in-18 orné de 100 fig. 3 fr.

Apiculture. — Mémoire à l'aide duquel une personne seule peut cultiver en toute saison 300 ruchées, les multiplier de bonne heure sans perte d'essaims et sans nuire au couvain des souches; les réduire de même ; obtenir une majeure partie de leurs produits en corbillons de miel de choix, etc., par Prosper GRANDGEORGE. In-18 de 88 pages. 2 fr.

Apiculture. — Pratique complète d'apiculture rationnelle et profitable avec la ruche bretonne ordinaire et en paille, par un ancien président de comice du Finistère. 1 vol. petit in-18. 50 c.

Apiculture perfectionnée, ou Théorie et application pratique de la direction des rayons, par J. GRESLOT. 1 vol. in-12 avec planches. 1 fr.

Arbres (*Physique des*), ou Traité de leur anatomie et de l'économie végétale, par DUHAMEL DU MONCEAU. 2 vol. in-4, fig. (*D'occasion.*) 20 fr.

Arbres et Arbustes (*Traité des*) qui se cultivent en France en pleine terre, par DUHAMEL DU MONCEAU. 2 vol. in-4, fig. (*D'occasion.*) 25 fr.

Arbres et leur culture (*Semis et plantations des*), par DUHAMEL DU MONCEAU. 1 vol. in-4, fig. (*D'occasion.*) 12 fr.

Assolements (*Les*) **et les systèmes de culture**, par Gustave HEUZÉ. 1 vol. in-8o orné de fig. dans le texte. 9 fr.

Atmosphère (*L'*) est un engrais complet, par le docteur SCHNEIDER. In 8°. 60 c.

Atmosphère, Sol, Engrais, par BOBIERRE. 1 gros vol. in-18. 5 fr.

Basse-Cour (*Manuel de la fille de*), contenant des instructions pour élever, nourrir, engraisser tous les animaux de la basse-cour, etc., par MALÉZIEUX. 1 vol. in-18, orné de 38 planches. 3 fr.

Basse-Cour, Pigeons et Lapins, par Mme MILLET. 4e édit. fig. 1 25

Baux à ferme (*Etude sur les*), par VILLARD. In-8. 1 fr.

Bêtes bovines (*L'éleveur de*), par VILLEROY. in-18 et fig. 1 25

Bêtes bovines (*Traité des*), par WECKHERLIN. 1 vol. in-12. 3 50

Bêtes ovines (*Traité des*), par WECKHERLIN. 1 vol. in-12. 3 50

Betteraves. Production agricole et richesse saccharine des betteraves ensemencées à différentes époques, par MARCHAND. in-8. 1 50

Bibliothèque agricole du midi de la France :

Cours élémentaire d'agriculture pratique, par LOUIS FABRE, directeur de la ferme-école de Vaucluse. 2 vol. in-18 ornés de 80 grav. 2 50

Principes d'agriculture à l'usage des écoles primaires, par le même. 2e édit. 1 vol. in-18 orné de 70 gravures. 1 25

Manuel du bon cultivateur, par le même. 1 vol. in-18. 1 50

Bœuf. Engraiss. du bœuf, par VIAL. 1 vol. in-18 orné de 12 fig. 1 25

Bois. — Cours élémentaire de culture des bois, par LORENTZ et PARADE, 4e édition. 1 vol. in-8°. 8 fr.

Bois (*De l'Exploitation des*), par DUHAMEL DU MONCEAU. 2 vol. in-4, fig. (*D'occasion.*) 25 fr.

Bois (*Du transport, de la conservation et de la force des*), par DUHAMEL DU MONCEAU. 1 vol. in-4, fig. (*D'occasion.*) 8 fr.

Bois (*Culture et exploitation des*), par THOMAS. 2 vol. in-8, fig. 10 fr.

Bois (*Traité du cubage des*), ou Tarifs pour cuber les bois carrés ou de charp., les bois en grume au 5e et au 6e réduit, par GUSSOT. In-8, 4e éd. 1 25

Bois en grume (*Tarif métrique pour la réduction des*) en bois équarris, mesurés de 3 en 3 centim., etc., par FOUCHARD. In-18. 2 50

Bon fermier (*Le*). Aide-mémoire du cultivateur, par BARRAL. 2e édit. 1861-62. 1 vol. in-18 orné de 230 grav. 7 fr.

Brome de Schrader, sa culture, etc., par LAVALLÉE. 2e édit. 1 50

Calendrier apicole. — Almanach des Cultivateurs d'abeilles pour 1865, par MM. HAMET et COLLIN. In-18 orné de 11 fig. 50 c.

Calendrier du bon Cultivateur, par MATHIEU DE DOMBASLE, 10e édit. 1 vol. in-12 avec planches. 4 75

Cailles, Faisans et Perdrix. (*Voir* page 16.)

Canards. (Voir *l'Education des poules*, de F. Alexis ESPANET, page 4.)

Causeries sur l'agriculture et l'horticulture, par P. JOIGNEAUX. 1 vol. in-18 orné de 27 grav. 3 50

Cheval (*Achat du*), par GAYOT. 1 vol. in-18 et fig. 1 25

Cheval. — Choix du cheval, ou description de tous les caractères à l'aide desquels on peut reconnaître l'aptitude des chevaux aux différents services, par J. MAGNE. 1 vol. in-18 orné de 21 fig. dans le texte. 2 fr.

Cheval. — Histoire du cheval chez tous les peuples de la terre depuis les temps les plus anciens jusqu'à nos jours, par Ephrem HOUEL. 2 vol. in 8° 10 fr.

Chevaux de pur sang, en France et en Angleterre, par Ephrem HOUEL. 1re partie (*Angleterre*), in-8° de 136 pages. 5 fr.

La 2e partie est *sous presse*.

Cheval, Ane et Mulet, par LEFOUR. 1 vol. in-18 et fig. 1 25

Chèvres. (*Voir* p. 3.)

Chimie agricole (*Analyse des cours de*), professés en 1858, 1860, 1861 et 1862, par Malaguti. 4 vol. in-18. 4 fr.

Chimie agricole (*Petit Cours de*), à l'usage des écoles primaires, par F. Malaguti. 1 vol. in-18, fig. 1 25

Chimie agricole, ou l'agriculture considérée dans ses rapports avec la chimie, par Isidore Pierre, 3e édit. 1 vol. in-18 avec fig. 4 fr.

Chimie appliquée à l'agriculture. Précis des leçons professées depuis 1852 jusqu'à 1862, par Malaguti. 3 vol. in-18. 10 50

Chimie usuelle (*La*) appliquée à l'agriculture et aux arts, par Stockhardt, trad. de l'allemand sur la 11e édit. In-18, 225 grav. 4 50

Choux. — Les choux, culture et emploi, par P. Joigneaux. 1 vol. in-18 orné de 14 figures. 1 25

Comptabilité agricole, par Saintoin-Leroy, comprenant:

Mémorial de l'agriculteur, contenant les tableaux propres à recevoir les notes et renseignements indispensables à tous les fermiers ou propriétaires. 1 vol. in-4o oblong. 4 fr.

Livre de caisse, faisant suite au précédent. In-4o oblong. 2 50

Manuel de la comptabilité agricole pratique en partie simple et en partie double. 1 vol. grand in-8o avec tableaux. 3 fr.

Mémorial-Caisse, ou Registre de la petite culture à l'usage de l'enseignement élémentaire de la comptabilité agricole dans les Ecoles primaires. In-8o oblong. 1 25

Comptabilité agricole. — Notions pratiques sur la comptabilité agricole en partie simple et en partie double, à l'usage des cultivateurs, des fermiers, des propriétaires, etc., par J. Schneider. In-18. 1 fr.

Comptabilité et géométrie agricoles, par Lefour. in-18, fig. 1 25

Conseils aux agriculteurs sur les moyens de prévenir l'enflure des vaches, par Papin. In-18. 40 c.

Conseils aux cultivateurs bretons sur l'hygiène des animaux domestiques, par Papin. 1 vol. in-12. 1 75

Constructions et mécaniques agricoles, par Lefour. in-18. fig. 1 25

Courses au trot, par Ephrem Houel, 2e édit. 1 vol. in-8o. 5 fr.

Cubage des bois en grume et équarris (*Tarif de poche* ou *Traité portatif du*), s'appliquant aux divers systèmes en usage; *vade-mecum* des agents forestiers, etc., par Hurtault-Bance. In-18. 80 c.

Cubage des bois équarris (*Tarif métrique pour le*), etc., par Fouchard père. 1 vol. in-18. 4 fr.

Culture améliorante (*Principes de*), par Lecouteux. 2e éd. in-18. 3 50

Culture générale et instrum. aratoires, par Lefour. in-18. fig. 1 25

Culture. — Traité des entreprises de grande culture, ou principes généraux d'économie rurale, par E. Lecouteux. 2 vol. in-8o. 15 fr.

Dindes. (Voir l'*Education des Poules*, de F. Alexis Espanet, page 4.)

Distilleries agricoles. — Traitement des diverses matières alcoolisables: vins, marcs, grains, pommes de terre, fécule, etc. Exposé de tous les procédés applicables à l'industrie rurale, par Ch. Barbier. In-8o de 110 pages avec 67 figures dans le texte. 5 fr.

Economie domestique, par Mme Millet-Robinet, 3e édit. 1 vol. in-18 orné de 77 figures. 1 25

Economie rurale, considérée dans ses rapports avec la chimie, la physique et la météorologie, par J.-N. Boussingault. 2 v. in-8, 2e éd. 15 fr.

Egide du monde agricole, ou prévisions et conseils du plus haut intérêt pour les agriculteurs et les négociants en grains et farines, par Ducrotoy. 1 vol. in-8o. 3 fr.

Encyclopédie pratique de l'Agriculteur, publiée sous la direction de

MM. Moll et Eugène Gayot. — Cet ouvrage sera complet en 15 ou 18 vol. Les tomes 1 à 10 sont en vente.

Prix de chaque volume avec de nombreuses figures dans le texte. 7 fr.

Engrais (*Des*), ou l'art d'améliorer les plus mauvaises terres par les amendements et les engrais de toute nature, par Ducoin. 1 vol. in-18. 1 fr.

Engrais. — Du système de culture fondé sur l'emploi exclusif du fumier de ferme, et résumé de quelques notions et principes importants en matière d'engrais, de nutrition végétale et de culture, d'après les recherches et travaux de MM. Liebig, Boussingault, Malaguti, Bobierre, etc., par Dumay, 2e édition in-8°. 1 fr.

Engrais azotés (*Des*), par de Gasparin, extrait par Gueymard, avec un tableau comparatif de la puissance de 119 engrais. In-18. 25 c.

Engrais de commerce. — Guide pratique du cultivateur pour le choix, l'achat et l'emploi des engrais de commerce. Origine, composition, valeur, effets, durée, modes d'emploi, prix, garanties, recours en cas de fraude, etc., par A. Dubory. 1 vol. in-18. (*Sous presse.*) 2 50

Engraissement (*Observations et conseils pratiques sur l'*) des veaux, des vaches et des bœufs, par Favre d'Evire. 1824, in-8. 75 c.

Essais gleucométriques faits en 1862 sur cent variétés de raisin, par le docteur Fleurot. In-8. 1 fr.

Faisans, Cailles et Perdrix. (*Voir* page 16.)

Fécondation (*De la*) et de l'Eclosion artificielles des œufs de poisson et de l'éducation du frai, par Godenier. In-8. 1 fr.

Fermage (*Estimation, plan d'amélioration, baux*), par de Gasparin. in-18. 1 25

Fermentation vineuse. Leçons sur la fermentation vineuse et sur la fabrication du vin, par Béchamp. 1 vol. in-18. 2 50

Flore forestière. Description et histoire des végétaux ligneux qui croissent spontanément en France, etc., par Mathieu. 2e édit. 1 vol. in-8°. 9 fr.

Forêts. — Cours d'aménag. des forêts., par Nanquette. 1 vol. in-8°. 6 fr.

Fours économiques à circulation d'air chaud, par A. Castermann. 1 vol. grand in-8 avec 5 pl., 2e édit. Bruxelles. 2 50

Fosse (*La*) **à fumier**, par Boussingault. In-8. 1 25

Fromage de Hollande. — Fabrication de fromage façon de Hollande, par Le Sénéchal, directeur de la vacherie impériale de Saint-Angeau. In-18 avec 20 fig. 50 c.

Fait partie de l'*Almanach de l'Agriculteur praticien* pour 1865.

Fumiers. Des fumiers et autres engrais animaux, par J. Girardin, 6e édit. 1 vol. in-18 orné de 62 fig. 2 50

Fumier de ferme et compost, par Fouquet. 2e édit. in-18. 1 25

Fumier de ferme et d'écurie (*Sur un nouveau mode de fabrication du*), ou la litière-fumier, par Ch. Brame. 2 broch. in-8° av. pl. 50 c.

Gardes forestiers (*Guide pratique à l'usage des*), traitant des arbres et arbustes forestiers, de l'ensemencement des diverses espèces et de l'agriculture forestière, etc., etc., par Vidal. 1 vol. in-8° et 4 lithog. 3 fr.

Guano. — Du guano des mers du Sud, avec une carte des îles Chincha, par G. Cuzent. In-8°. 1 fr.

Houblon, par Erath. 1 vol. in-18. fig. 1 25

Hygiène vétérinaire appliquée. Etude de nos races d'animaux domestiques, multiplication, élevage, par Magne, 2e édit. 2 vol. in-8°. 16 fr.

Il faut semer clair, ou Moyen de remédier à la disette des céréales, trad. de l'anglais de Davis, par de Thier. In-18. 30 c.

Incubation (*De l'*) **artificielle**, par A. Leroy. In-18 avec 2 fig. 50 c.

Indispensable du Cultivateur (*L'*), contenant : barème des mesures de capacité usitées en France pour les grains, comparées entre elles pour les poids et les prix, et aux 100 kilos, etc., par Bathias, petit in-18. 2 fr.

Jardin du Cultivateur, par NAUDIN. 1 vol. in-18. 1 25

Jaugeages. — Recueil de procédés de jaugeages, depuis le volume d'une source jusqu'à celui de tous les cours d'eau, à l'usage de l'agriculture et de toutes les industries comme force motrice, par GUEYMARD. in-8°. 2 50

Laiterie, Beurre et Fromages, par Félix VILLEROY. 1 vol. in-18 orné de 59 figures. 3 50

Landes de Bretagne (*Mise en valeur des*) par le défrichement et par l'ensemencement en bois, par le général DE LOURMEL. In-8. 2 fr.

Lapin domestique (*Instruction élément. pour élever le*), in-18. 50

Fait partie de l'*Almanach de l'Agriculteur praticien*, 1861.

Livre de la Ferme (*Le*) et des Maisons de campagne, publié sous la direction de P. JOIGNEAUX. 2 vol. grand in-8° ornés de nombreuses fig. dans le texte. 32 fr.

Maison rustique des Dames, par Mme MILLET-ROBINET. 5e édit. 2 vol. in-18, ornés de 236 grav. 7 75

Maison rustique du XIXe siècle, publiée sous la direction de MM. BAILLY, BIXIO et MALEPEYRE. 5 vol. gr. in-8 ornés de 2,500 gr. 39 50

Matières fertilisantes, *engrais solides, liquides, naturels et artificiels*, par Gustave HEUZÉ, 4e édit. 1 vol. in-8. 9 fr.

Médecine vétérinaire. — Notions usuelles, par SANSON. 1 vol. in-18 avec figures. 1 25

Métairies. — Manuel du propriétaire de métairies, par J. RIEFFEL. 1 vol. in-18. 3 50

Métayage. Contrat, effets, améliorations, par DE GASPARIN. 2e éd. in-18. 1 25

Mouches à miel (*Traité sur les*), suivi des procédés pour faire le miel et la cire, avec divers modèles de ruche, par BONNARDEL. In-8. 1 50

Noir animal (*Le*). Analyse, emploi, vente, par BOBIERRE. in-18. 1 25

Oies. (Voir *l'Education des poules* de F. Alexis ESPANET, page 4.)

Oie et Canard. Des moyens à employer pour les engraisser afin d'en tirer de meilleurs produits, par COMARMOND. In-8°. 1 fr.

Oiseaux de basse-cour (*Manuel de l'éleveur d'*) et de **Lapins**, par Mme MILLET-ROBINET, 2e édit. 1 vol. in-12 avec gravures. 1 25

Osier (*Traité pratique de la culture de l'*) et de son usage dans l'industrie de la vannerie fine et commune, suivi d'un aperçu sur l'art du vannier, par A. MOITRIER. 1 vol. in-8 avec 4 pl. 2 fr.

Œuvres de Jacques Bujault, complétées et accompagnées de notes inédites par J. RIEFFEL et AYRAULT, 3e édit. 1 vol. grand in-8 orné de 33 grav. 6 fr.

Pêche. *Voyez* **La chasse et la pêche**, *page* 16.

Phosphates (*Recherches sur l'emploi agricole des*), par P. DEHERAIN. 1 vol. in-8°. 2 fr.

Pisciculture. Rapp. sur le repeupl. des cours d'eau et sur les travaux de piscic. de M. MILLET, suivi des *Etud. sur les fécondations artificielles des œufs de poisson*, par MM. DE QUATREFAGES et MILLET. In-8. 1 25

Pisciculture et culture des eaux, par P. JOIGNEAUX. 1 vol. in-18 orné de 61 figures. 3 50

Plantes fourragères, par Gustave HEUZÉ, professeur d'agriculture à Grignon, 3e édit. 1 vol. in-8 orné de 18 pl. col. et de 38 vign. 10 fr.

Plantes fourragères (*Traité des*), par H. LECOQ. 2e édit. 1 vol. in-8° orné de 40 grav. 7 50

Plantes industrielles (*Les*), par Gustave HEUZÉ. 2 vol. in-8 ornés de 21 vignettes et de 10 pl. col. 18 fr.

Plantes racines, par LEDOCTE. in-18. fig. 1 25

Poulailler (*Le*). Monographie des poules indigènes et exotiques, par Ch. Jacque. 2e édit. 1 vol. in-18, 117 grav. 3 50

Poules (*Des*), ou Réformation de la basse-cour, par Beaufort de Lamarre. In-8. 75 c.

Poules (*Education des*), par Beaufort de Lamarre, suivie du *Chaponnage et de l'Engraissement de la Volaille* dans le Maine et la Bresse. In-18. 25 c.

Poules (*Education des*), par Mariot-Didieux. 1 vol. in-18. 3 50

Poules et Œufs, par E. Gayot. 1 vol. in-18 orné de 38 fig. 1 25

Poules (*Maladies des*). Causes et traitement. Trad. de l'angl. In-18. (Fait partie de l'*Almanach de l'Agriculteur praticien, 1862*.) 50 c.

Prairies, par Demoor. in-18. fig. 1 25

Prairies artificielles. Des causes de diminution de leurs produits; études sur les moyens de prévenir leur dégénérescence, par Isidore Pierre, mémoire couronné par la Société d'agric. d'Orléans 1 vol. in-18. 1 fr.

Prairies artificielles (*Essai sur les*), luzerne, trèfle ordinaire, trèfle printanier et sainfoin ou esparcette, par H. Machard. 1 vol. in-18. 1 fr.

Propriétaire architecte, contenant des modèles de maisons de ville et de campagne, de remises, écuries, orangeries, serres, etc., par U. Vitry. 2 vol. in-4 avec 100 grav. 20 fr.

Races bovines, par Dampierre. 1 vol. in-18 fig. 1 25

Révolution agricole, ou moyen de faire des bénéfices en cultivant les terres, par V.-F. Lebeuf. 1 vol. petit in-18. 3 fr.

Ruches. — Les ruches de tous les systèmes, ou examen et description des ruches anciennes et modernes, avec 51 fig. dans le texte, par Buzairies, avec des notes par Hamet. In-8. 1 50

Ruche à espacements (*Notice sur la*) et sa culture, par Sauria. In-8o avec 3 planches et tableaux 1 fr.

Sangsues (*De l'Elève et de la Multiplication des*), visite aux marais des environs de Bordeaux, par Quenard. In-8. 75 c.

Sangsues (*Notice sur le marais à*) de Clairefontaine, par E. Soubeiran. In-8. 75 c.

Sarrasin (*Recherches analytiques sur le*), considéré comme substance alimentaire, par Isidore Pierre. In-8o. 1 25

Science hippique. — Cours professé à l'Ecole des haras pendant les années 1848, 1849 et 1850, par Ephrem Houel. 1 vol. in-8o. 5 fr.

Sol et Engrais, par Lefour. 1 vol. in-18. 1 25

Sorgho (*Composition chimique et extraction du sucre de la canne de*), par Paul Madinier. In-8. 60 c.

Sorgho (*De l'Introduction et de l'Acclimatation du*) dans le nord de la France, etc., par Dumont-Carment. In-8. 1 50

Sorgho à sucre (*Le*). Culture, récolte, emploi de la graine, extraction du jus sucré, distillation, etc., par Paul Madinier. In-8. 60 c.
(Extrait de l'*Agriculteur praticien*.)

Sorgho sucré (*Le*), sa culture comme plante fourragère et comme plante alcoolisable et saccharine, par Louis Hervé. In-8. 60 c.

Soufrage des vignes (*Instruction sur le*), par Le Canu. In-18. 50 c.

Soufrage des Vignes malades (*Manuel pour le*). Emploi du soufre, ses effets, par H. Marès. 4e édit. 1 vol. in-18, fig. 1 fr.

Tarif métrique pour la réduction des bois en grume et carrés, etc., par J.-F. Leclerc. In-8 3 fr.

Taupier (*L'Art du*), ou Méthode amusante et infaillible pour prendre les taupes, par Dralet. 16e édit. 1 vol. in-12, fig. 1 fr.

Topinambour, offert comme moyen d'améliorer les plus mauvais terrains, etc., par Cénas, 3e édit. In-8. 1 fr.

Travaux des champs, par Victor BORIE. in-18 avec fig. 1 25

Truite. — De la pisciculture de la truite, par COMARMOND. In-8. 1 50

Vaches laitières (*Traité des*) et l'espèce bovine en général, par F. GUÉNON, 4e édit. 1 vol. in-8°, nombreuses fig. 6 fr.

Vaches laitières (*Abrégé du traité des*) par F. GUÉNON. 1 vol. in-18, nombreuses fig. 2 fr.

Vaches laitières (*Choix des*), par MAGNE. 1 vol. in-18. fig. 1 25

Vache laitière (*Traité spécial de la*) et de l'élève du bétail, par COLLOT, 2e édit. 1 vol. in-8° et planches. 6 fr.

Vers à soie (*Conseils aux nouveaux éducateurs de*), par F. DE BOULLENOIS, 2e édit. 1 vol. in-8°. 3 50

Vers à soie de l'ailante et du ricin (*Education des*) et culture des végétaux qui les nourrissent, par GUÉRIN-MÉNEVILLLE. in-12. 1 50

Vers à soie. — La maladie des vers à soie; conseils aux éducateurs, par A. JEANJEAN. 1 vol. in-18. 1 25

Vigne (*Nouvelle Culture de la*) en plein champ, sans échalas ni attaches, par TROUILLET. 3e édit. in-18 avec 15 gravures. 2 fr.

Vigne (*Régénération de la*) par une nouvelle plantation, par E. TROUILLET. In-18. 75 c.

Vigne. — Résumé des opérations à suivre pendant le cours de la végétation de la vigne et étude de la rupture des bourgeons à l'état herbacé, par E. TROUILLET. Tableau in-folio, fig. et texte. 50 c.

Vigne (*Culture de la*) **et vinification**, par J. GUYOT. 1 vol. in-18. Fig. dans le texte. 3 50

Vigne — Le quatrième livre du *Rustican de Pierre Crescenzi*, consacré à la vigne, à sa culture et à l'étude de son produit. In-8. 2 fr.
Traduct. d'une partie d'un ouvrage publié pour la première fois en 1471.

Vigne (*Nouveau mode de culture et d'échalassement de la*), applicable à tous les vignobles où l'on cultive les vignes basses, par T. COLLIGNON. 1 vol. in-8 avec 3 pl. 3 fr.

Vigneron (*Manuel du*). Exposé des divers procédés de culture de la vigne et de vinification, par ODART. 3e édit. 1 vol. in-18. 4 50

Vignes rouges et vins rouges en Maine-et-Loire, par GUILLORY aîné. 1 vol. in-8 avec pl. 2 50

Vignobles. — Culture perfectionnée et moins coûteuse des vignobles, par A. DUBREUIL. 1 vol. in-18, orné de 144 fig. dans le texte. 3 50

Vin. — L'art de faire le vin, par LADREY. 1 vol. in-18. 3 fr.

Viticulture. Etudes comparées sur la viticulture, par PISTOR-PAILLET. In-12. 75 c.

Bibliothèque de l'Horticulteur praticien.

Almanach du Jardinier-Fleuriste pour 1865, suivi de notes sur le jardin potager, 12e année. 1 vol. in-18 avec fig. dans le texte. 50 c.
Les années 1859, 1860, 1861, 1863 et 1864, chaque 50 c.

Arbres fruitiers (*Des*) **et de la Vigne**, par YSABEAU. 1 vol. in-18. 75 c.

Arbres fruitiers et de la Vigne (*Nouvelle Méthode de taille des*), par PICOT-AMETTE. 3e édit. 1 vol. in-18 orné de 37 grav. dans le texte. 1 50

Arbres fruitiers (*Instructions élémentaires sur la taille des*), par LACHAUME. 1 vol. in-18 orné de 20 fig. 1 fr.

Arbres fruitiers (*Les*). Manuel populaire de culture, marcottage, bouturage, greffage et taille, par P. JOIGNEAUX. 1 vol. in-18 orné de 111 grav. et du portrait de VAN MONS. 2 50

Asperges (*Instructions pratiques sur la plantation des*), par BOSSIN. 2e édition. 1 vol. in-18. 75 c.

Bouturer, greffer, marcotter et semer (*Guide pour*) les plantes d'ornement, annuelles ou vivaces, arbres et arbustes, extrait en partie du JARDIN FLEURISTE, par Ch. LEMAIRE et LEQUIEN. in-18 orné de 35 fig. 1 fr.

Camellias (*Culture des*), par DE JONGHE. 2e édit 1 vol. in-18. 1 fr.

Champignons (*Culture des*), avec l'indication d'une nouvelle méthode pour en obtenir en tous lieux par l'emploi de la mousse, suivi d'une nomenclature des champignons comestibles et vénéneux, par SALLE, 2e édit. 1 vol. in-18, fig. dans le texte. 1 fr.

Chrysanthème de l'Inde (*Culture du*), suivie de la description de 250 variétés, par BERNIEAU. 1 vol. in-18. (*Sous presse.*)

Fuchsia (*Histoire et Culture du*), suivies de la description de 540 espèces et variétés, par F. PORCHER. 1 vol. in-18. 3e édit. 2 fr. 25

Jardin Fleuriste (*Le*), ou Instructions pour la culture des plantes d'ornement, annuelles ou vivaces, arbres et arbustes, oignons à fleurs, etc., par Ch. LEMAIRE et LEQUIEN. 2e édit. 1 vol. in-18 orné de 31 figures. 3 50

Melons (*Culture des*). Méthode simple et précise pour obtenir les melons d'une grosseur extraordinaire, etc., par DUFOUR DE VILLEROSE. 2e édit. 1 vol. in-18 orné de 5 grav. 1 fr.

Pêcher. — Instructions pratiques sur la culture du pêcher, par LASNIER. In-18. 50 c.

Poirier. — Culture du poirier, comprenant la plantation, la taille, la mise à fruit et la description abrégée des cent meilleures poires, par Ch. BALTET. 3e édit. des *Bonnes Poires*, 1 vol. in-18. 1 fr.

Fruits et légumes de primeur (*Traité général de la culture forcée par le thermosiphon des*), par le comte LÉONCE DE LAMBERTYE.

Cet ouvrage sera publié en six livraisons de 48 pages in-8°.

Prix de chaque livraison. 1 25

Les livraisons seront ainsi composées :

Melon et Concombre, 1 livr. ; — **Ananas**, 1 livr. ; — **Vigne,** 1 livr. ; — **Fraisier,** 1 livr. ; — **Groseillier, Framboisier, Figuier,** 1 livr. ;— **Pêcher, Prunier, Cerisier, Abricotier,** 1 livr. ; — **Tomates, Haricots,** 1 livr.

Les livraisons **Vigne, Melon et Concombre** et **Fraisier** *sont parues.*

Des rapports très-favorables de cet ouvrage ont déjà été faits par la *Société impériale d'Horticulture de Paris* et par un grand nombre de Sociétés les plus importantes des départements.

Arbres fruitiers, Botanique, Culture potagère, Jardinage.

Annuaire horticole pour 1865, contenant les adresses des principaux horticulteurs, pépiniéristes et grainiers de l'Europe, avec l'indication de la spécialité de leurs cultures, etc., par INGELREST. In-12. 1 50

Arboriculture (*L'*) **des Écoles primaires**. ou Notions d'arboriculture fruitière mises à la portée des enfants, par J. BRÉMOND. 2e édit., 1 vol. in-18 et atlas. 2 fr.

Arboriculture (*L'*) **fruitière en 26 leçons**, par GRESSENT. 2e édit. 1 vol. in-18 avec 192 fig. explicatives. 6 fr.

Arboriculture (*Cours d'*), par DUBREUIL. 5e édit. 2 vol. in-18. 12 fr.

Arboriculture. Leçons élémentaires, théoriques et pratiques d'arboriculture, par GRESSENT. in-18. 1 50

Arboriculture (*Notions préliminaires d'*) à la portée de tout le monde. Conseils pratiques, par E. TROUILLET. 2e édit. In-18 orné de 21 fig. 1 fr.

Arbres fruitiers. — Le pincement court ou méthode de direction des arbres, et notamment du pêcher, par GRIN aîné. In-8 et 5 pl. 1 50

Arbres fruitiers. Manuel théorique et pratique de la culture forcée des arbres fruitiers, comprenant tout ce qui concerne l'art de faire mûrir leurs fruits hors de saison, par PYNAERT. 1 vol. in-18 orné de 12 fig. 5 fr.
Cet ouvrage a été couronné par la Société impériale d'horticulture de Paris.

Arbres fruitiers (*Instruction élémentaire sur la conduite des*), par DUBREUIL. 5e édit. 1 vol. in-18, fig. 2 50

Arbres fruitiers (*Tableau de la conduite et de la taille des*), avec texte explicatif, par l'abbé DUPUY. In-plano. 2 fr.

Arbres fruitiers. Taille et mise à fruit, par PUVIS. 1 vol. in-18. 1 25

Arbres fruitiers (*Pratique raisonnée de la taille des*) et de la vigne, par COSSONET. 1 vol. in-8, avec 21 planches. 5 fr.

Arbres fruitiers (*Taille raisonnée des*), par J.-A. HARDY. 5e édit. 1 vol. in-8 avec figures. 5 50

Arbres fruitiers (*Traité de la culture des*). Procédé pour hâter et assurer une abondante récolte de fruits même sur les arbres les plus stériles, etc., par POULET. In-8°. 50 c.

Arbres fruitiers. — Traité de la culture des arbres fruitiers, contenant une nouvelle méthode de les tailler, avec une méthode particulière de guérir les maladies qui attaquent les arbres fruitiers, par FORSYTH. 2e édit., 1805. 1 vol. in-8° orné de 13 pl. (Exempl. broch. ou rel.) 5 50

Arbres fruitiers (*Traité des*), contenant leur figure, leur description, leur culture, etc., par DUHAMEL DU MONCEAU, 1768. 2 vol. grand in 4° reliés, ornés de 181 planches gravées. 45 fr.

Asperges. Culture en plein air, par LHÉRAULT-SALBOEUF, in-18. 50 c.

Asperges. Les asperges, les fraises et les figues, par LEBEUF, 2e édit., 1 vol. in-18. 1 50

Asperges (*Culture des*), par LOISEL. 1 vol in-12. 1 25

Bon Jardinier (*Le*) pour 1865, par POITEAU, VILMORIN, DECAISNE, NEUMANN, PEPIN. 1 vol. in-12. 7 fr.

Bon Jardinier (*Figures de l'Almanach du*), par DECAISNE, 20e éd., 632 grav. et 45 pl. 1 vol. in-12. 7 fr.

Botanique populaire, contenant l'histoire de toutes les parties des plantes, par H. LECOQ. 1 vol. in-18 orné de 215 grav. 3 50

Botaniste (*Petit Manuel du*) et de l'Herboriste, suivi de principes de médecine, de pharmacie, etc. 2e éd. 1 vol. in-12. 1 75

Boutures. (*Voir le* **Jardin fleuriste**, page 11.)

Cactées. — Monographie de la famille des cactées, suivie d'un traité complet de culture, etc., par LABOURET. 1 vol. in-18. 7 50

Catalogue descriptif et raisonné des arbres fruitiers et d'ornement pour 1863, par André LEROY. In-8. 1 fr.

Catalogue raisonné et précédé d'instr. sr la plant., la taille des arbres fruitiers, arbustes et rosiers cultivés chez JAMAIN et DURAND. In-4. 1 50

Champignons et Truffes, par RÉMY. in-18 avec 12 pl. color. 3 50

Chasselas (*Culture du*), à Thomery, par ROSE CHARMEUX. 1 vol. in-18 orné de 41 fig. 2 fr.

Concombre. — Culture forcée. *Voyez* **Melon**, page 11.

Conifères de pleine terre. Notice sur 86 variétés, par Paul DE MORTILLET. 2e édit. in-8 1 50

Conifères (*Traité général des*). Description, synonymie, procédés de culture et de multiplication, par A. CARRIÈRE. 1 vol. in-8. 10 fr.

Culture maraîchère de Paris, par MOREAU et DAVERNE. 2e éd. in-8. 5 fr.

Culture maraîchère, par COURTOIS-GÉRARD. 4e éd. 1 vol. in-18. 3 50

Culture maraîchère dans les petits jardins, par COURTOIS-GÉRARD. 4e édit. 1 vol. petit in-18 avec 15 grav. 1 fr.

Culture potagère (*Nouv. Traité de*), par JOIGNEAUX, 1 vol. in-18. 2 25

Encyclopédie horticole, par CARRIÈRE, 1 vol. in-18. 5 fr.

Fécondation naturelle et artificielle des végétaux (*De la*) et de l'hybridation, par H. Lecoq. 2e édit., 1 vol. in-8 orné de 106 grav. 7 50

Fleurs coloriées (*Album de*) annuelles et vivaces, par Vilmorin-Andrieux. 12 planches sont en vente. Chaque planche avec texte. 4 fr.

Fleurs (*De la Culture des*) dans les appartements, sur les fenêtres et dans les petits jardins, par Courtois-Gérard. 4e édit. In-18. 1 fr.

Fleurs (*Instructions pour les semis de*) de pleine terre, par Vilmorin-Andrieux. 4e édit. In-16. 75 c.

Flore élémentaire des jardins et des champs, avec des clefs analytiques conduisant promptement à la détermination des familles et des genres, et un vocabulaire des termes techniques, par Le Maout et Decaisne. 2 vol. petit in-8. 9 fr.

Fraisier. — Sa culture forcée, par le comte de Lambertye. In-8. 1 25

Fraisier, sa botanique, son histoire, sa culture, par le comte Léonce de Lambertye. 1 vol. in-8. 5 fr.

Ouvrage honoré de la souscription de Son Exc. le ministre de l'agriculture et du commerce.

Couronné par les Sociétés d'horticulture de Bordeaux, Reims, Rouen, Tours, etc.

Fruits et Légumes de primeur (*Culture forcée des*). (*Voir* page 11.)

Graines et Fruits. — Des moyens de grossir les graines et les fruits, de doubler les fleurs et d'en varier à volonté les proportions et la forme, par Achille Barbier. In-8. 1 fr.

Greffes diverses. (*Voir le* **Jardin fleuriste**, page 11.)

Horticulteur praticien (*L'*), Revue de l'horticulture française et étrangère, par MM. Galeotti, Funck, comte de Lambertye, Morren, etc. 1858 à 1862. 5 vol. grand in-8o ornés de 120 planches coloriées et de gravures dans le texte. 40 fr.

Horticulture *Entr. famil. sur l'*), par E.-A. Carrière. 1 vol. in-18. 3 50

Horticulture. Principes d'horticulture extraits des **Instructions pour les jardins fruitiers et potagers**, par de la Quintinye, avec notes sur les nouveaux modes de culture et de formes d'arbres fruitiers, etc., par Ch. Morel. 1 vol. in-8o orné de 16 fig. dans le texte. 4 50

Jardin fleuriste (*Le*). Journal horticole et botanique, contenant l'histoire, la description et la culture des plantes les plus rares et les plus méritantes nouvellement introduites en Europe. Ouvrage complet en 4 gros vol. grand in-8o ornés de 432 planches coloriées et de fig. dans le texte. 50 fr.

Jardin fruitier. — L'École du jardin fruitier, qui comprend l'origine des arbres fruitiers, le choix, la plantation, la transplantation des arbres; les pépinières, les greffes, la taille et les formes qu'on peut donner aux arbres fruitiers, etc., par de la Bretonnerie, 1784 et autres dates. 2 vol. in-12 reliés ou brochés. 5 fr.

Jardin fruitier du Muséum, ou iconographie de toutes les espèces et variétés d'arbres fruitiers cultivés dans cet établissement, avec leur description, leur histoire, leur synonymie, etc., par J. Decaisne. Cet ouvrage paraît par livraisons in-4o de 4 planches supérieurement gravées et coloriées avec texte. La 77e livr. vient de paraître. Prix de la livr. 5 fr.

Jardinage (*La pratique du*), par Roger Schabol. 2 vol. in-12 reliés. (*Rare et recherché.*) 6 fr.

Jardinage (*La théorie du*), par l'abbé Roger Schabol. 1 vol in-12 relié. (*Rare et recherché.*) 3 50

Jardinage (*Manuel de*), par Courtois-Gérard, 6e éd. 1 vol. in-18. 3 50

Jardinier amateur. — Petit dictionnaire manuel du jardinier amateur, par Moléri. 1 vol. in-18. 2 50

Jardinier des fenêtres, des appartements, etc, par Rémy. 4e édit. 1 vol. in-18. 3 50

Jardinier fruitier (*Le*). Principes simplifiés de la taille des arbres fruitiers, par E. FORNEY. 2 vol. in-8. fig. 8 fr.

Jardinier multiplicateur (*Guide pratique du*), ou Art de propager les végétaux par semis, boutures, greffes, etc., par CARRIÈRE. In-18. 3 50

Jardinier paysagiste. — Guide pratique du jardinier paysagiste. Album de 24 plans coloriés sur la composition et l'ornementation des jardins d'agrément à l'usage des amateurs, propriétaires et architectes, par SIEBECK, avec introduction par NAUDIN. In-folio cart. 25 fr.

Jardinier solitaire (*Le*), ou Dialogues entre un curieux et un jardinier solitaire, contenant la méthode de faire et de cultiver un jardin fruitier et potager. etc., 1 vol in-12 relié. (*Ancien et rare.*) 3 fr.

Jardins. — Manuel de l'amateur des jardins. Traité général d'horticulture, par DECAISNE et NAUDIN. 1re partie. 1 vol. in-8 orné de 203 fig. dans le texte. 7 50

Jardins (*Traité de la composition et de l'ornement des*), avec 161 pl. représentant, en plus de 600 fig., des plans de jardins, des machines pour élever les eaux, etc. 6e édit. 2 vol. in-4 oblong. 25 fr.

Jardin potager (*L'École du*), qui comprend la description des plantes potagères, les qualités de terre et les climats qui leur sont propres, etc.; la manière de dresser et conduire les couches, et d'élever des champignons en toutes saisons, par DE COMBLES. 2 vol. in-12 reliés (*Rare.*) 6 fr.

Légumes coloriés (*Album de*), par VILMORIN-ANDRIEUX. 13 planches sont en vente. Chaque planche se vend séparément. 3 fr.

Légumes et Fruits, par JOIGNEAUX. 1 vol. in-18. 1 25

Maladies des arbres fruitiers. Moyen très-simple de les prévenir et de les guérir, par LAHAYE. 1re partie: *Arbres à pepins* in 8°. 1 50

Melons (*Traité complet de la culture des*), par LOISEL. 3e éd. 1 25

Melon et Concombre. — Leur culture forcée, par le comte DE LAMBERTYE. In-8°. 1 25

Œillets (*Culture des*), par RAGONOT-GODEFROY. In-12, fig. 2e éd. 1 25

Oignons à fleurs coloriés (*Album d'*), par VILMORIN-ANDRIEUX. 4 livraisons sont en vente. Chaque planche se vend séparément. 4 fr.

Orchidées (*Culture des*). Instructions sur leur récolte, expédition et mise en végétation, par MOREL, 1 vol. in-8°. 5 fr.

Parcs et Jardins. — Prix de règlement ou tarif des travaux de jardinage, de plantations, d'exploitat. des forêts, etc., par LECOQ. Gr. in-8. 3 fr.

Pêchers (*Traité de la culture des*), par DE COMBLES. 1 vol. in-12. (*Ouvrage ancien et rare.*) 3 fr.

Pêcher en espalier carré (*Pratique raisonnée de la taille du*), par Al. LEPÈRE. 5e édit. 1 vol. in-8 avec 8 planches. 4 fr.

Pelargonium, par THIBAULT. 1 vol. in-18. 1 25

Pensée (*La*), la **Violette**, l'**Auricule** ou Oreille-d'Ours, la **Primevère**. Histoire et culture, par RAGONOT-GODEFROY. in-18, fig. col. 2 fr.

Pépinières, par CARRIÈRE. 1 vol. in-18. 1 25

Plantes à feuillage coloré. — Recueil des espèces les plus remarquables servant à la décoration des jardins, des serres et des appartements, par J. LOWE et W. HOWARD. 1 vol. grand in-8 orné de 60 grav. coloriées et de 46 gravures sur bois. 25 fr.

Plantes, Arbres et Arbustes (*Manuel général des*). Description et culture de 25,000 plantes indigènes d'Europe ou cultivées dans les serres; par MM. HÉRINCQ et JACQUES, pour les trois premiers volumes, et DUCHARTRE, pour le 4e volume. 4 vol. petit in-8 à 2 colonnes. 36 fr.

Plantes de serre froide, par DE PUYDT. 1 vol. in-18. 1 25

Plantes de terre de bruyère. — Description, histoire et culture des rhododendrons, azalées, camellias, bruyères, épacris, etc., par E. ANDRÉ. 1 vol. in-18 orné de 30 fig. 3 50

Poires. — Quarante poires pour les dix mois de juillet à mai. — Monographie divisée en quatre séries de dix poires, dont la maturation s'effectue pendant chacun des mois de juillet à mai, etc., par P. de Mortillet, 2e édit. 1 vol. in-8 avec 40 fig. au trait de grandeur naturelle. 3 50

Poirier (*Taille du*) **et du Pommier** en fuseau, par Choppin. 1 vol. in-8, fig., 3e édition. 3 fr.

Potager moderne (*Le*). Traité complet de la culture des légumes, par Gressent 1 vol. in-18. 6 fr.

Reine-Marguerite (*Culture de la*), par Malingre. In-18. 30 c.

Rose (*La*), histoire, culture, poésie, par P.-L.-A. Loiseleur-Deslongchamps. 1 vol. in-12, fig. 3 50

Rose (*La*) chez les différents peuples, anciens et modernes ; description, culture et propriété des Roses, par Chesnel, 1838. 1 vol. petit in-18. 1 25

Rosier (*De la Culture du*), avec quelques vues sur d'autres arbres et arbustes, par le comte Lelieur, 1811. 1 vol. in-12. 1 25

Rosier. — La taille du rosier, sa culture, ses belles variétés, par E. Forney. 1 vol. in-18 orné de 52 fig. 2 fr.

Rosier, culture, multiplication. *Voir le* **Jardin fleuriste.**

Rosier, Violette, Pensée, etc., par Marx-Lepelletier. 1 vol. in-18. 1 25

Serres (*Art de construire et de gouverner les*), par Neumann, 2e éd. 1 vol in-4 avec 23 pl. grav. 7 fr.

Thermosiphon (*L'Art de chauffer par le*), ou **Calorifère à air chaud**, par A***. 1 vol. in-4, avec 21 planches gravées. 2e édit. 3 fr.

Encyclopédie illustrée du Sportsman.

Chasseur infaillible. — Le Chasseur infaillible (*the Dead Shot*) ou Guide complet du sportsman pour l'usage du fusil, contenant des leçons progressives sur le tir de toute espèce de gibier, le tir aux pigeons, le dressage des chiens, par Marksman, traduit de l'anglais sur la 3e édition par Ch. Kerdoel, augmenté d'un appendice sur le tir de la caille, des oiseaux de marais et du gibier de mer. 1 vol. in-18. 3 50

Chevaux. — Conseils aux acheteurs de chevaux, ou Traité de la conformation extérieure du cheval à l'état de santé ou de maladie, avec de nombreuses instructions pour l'appréciation, avant la vente, des vices, défauts, affections, etc., suivi de la loi sur les vices rédhibitoires et la garantie du vendeur, par John Stewart, traduit de l'anglais par le baron d'Hanens. 1 vol. in-18. 3 50

Ecurie. — Economie de l'Ecurie. Traité de l'entretien et du traitement des chevaux (écurie, pansage, nourriture, boisson, travail), par John Stewart, traduit de l'anglais sur la 7e édition par le baron d'Hanens. 1 vol. in-18. 3 50

Bécasse. Le Chasseur à la bécasse, par Sylvain (Th. Polet de Faveaux). 1 vol. in-12 orné de 35 figures dans le texte. 3 50

Cailles, Perdrix, Colins ou Cailles d'Amérique. Guide pratique pour les élever, etc., par Allary. Edition augmentée d'un chapitre sur l'*Incubation artificielle*, par A. Leroy 1 vol. in-18. Fig. 1 50

Chasse. Carnet de chasse. in-18 oblong, joli cartonnage, toile anglaise. 2 50

Chasse aux petits oiseaux. — Manuel du tendeur, récit de chasse aux petits oiseaux, suivi d'une notice sur le rossignol, par J. Crahay. 1 vol. in-18. 1 25

Chasse (*La*) **et la Pêche** en Angleterre et sur le continent. Trad. de divers ouvrages anglais, 1842. 1 vol. in 8°, orné de 52 grav. 3 50

Coq de bruyère (*La chasse au*). Histoire naturelle, mœurs, lieux habités par ces oiseaux. L'art de les chercher, de les tirer, de les élever en volière, par Léon DE THIER. 1 vol. in-18. 2 50

Faisans, Canards mandarins, Cygnes, etc. Guide pratique pour les élever, par ARTHUR LEGRAND. 1 vol. in-18 avec fig. 2 fr.

Oiseaux de volière (*Manuel de l'amateur des*), ou Instruction pour connaître, élever, conserver et guérir toutes les espèces d'oiseaux que l'on aime à garder en volière ou dans la chambre, par BECHSTEIN. Trad. de l'allemand sur la 2e édit. 1 vol. in-18. 3 50

Rossignols. Manuel sur l'art de prendre vivants et d'élever les rossignols, par CONORT. 1838. In-18. 2 50

Évreux, A. HÉRISSEY, imprimeur. — 265

OUVRAGES DU MÊME AUTEUR

Culture de la Vigne en plein champ, sans échalas ni attaches, suivie d'une note sur la branche à fruit du poirier et du pommier. 3e édit. 1 volume in-18 orné de 15 gravures. Prix : 2 francs ; *franco*. 2 25

Régénération de la Vigne par une nouvelle plantation la plus conforme aux lois connues de la végétation. Brochure in-18. Prix : 75 c. ; *franco*. 1 fr.

Tableau Cep. Résumé des opérations à suivre pendant le cours de la végétation de la vigne et étude de la rupture des bourgeons à l'état herbacé. Prix : 50 c. ; *franco*. 60 c.

Ces ouvrages seront expédiés sur demande *affranchie*, et contre l'envoi de leur valeur en un mandat-poste.

S'adresser, soit à l'auteur, soit à M. Auguste GOIN, éditeur, rue des Écoles, 82, seul dépositaire, à Paris, des ouvrages de M. TROUILLET.

Pour les demandes de renseignements, écrire directement à M. TROUILLET. (*Affranchir*.)

Evreux, A. HÉRISSEY, imp. — 265.

www.ingramcontent.com/pod-product-compliance
Ingram Content Group UK Ltd.
Pitfield, Milton Keynes, MK11 3LW, UK
UKHW020356180726
13839UKWH00003B/1143

9 782329 359380